时尚秋冬
披肩、吊带

创意生活系列

[日]日本靓丽社 ◎ 著
陈 瑶 ◎ 译

吉林出版集团 | 吉林科学技术出版社

图书在版编目（CIP）数据

时尚秋冬披肩、吊带 / 日本靓丽社著；陈瑶译. --
长春：吉林科学技术出版社，2011.11
ISBN 978-7-5384-5525-0

Ⅰ.①时… Ⅱ.①日…②陈… Ⅲ.①绒线－编织－
图集 Ⅳ.①TS935.52-64

中国版本图书馆CIP数据核字（2011）第223088号

LADY BOUTIQUE SERIES No.2753 Fuyu no Teami Style
Copyright © 2008 Boutique-sha, Inc.
Original Japanese edition published by boutique-sha.co.jp
Chinese simplified character translation rights arranged withboutique-sha.co.jp
Through Shinwon Agency Beijing Representative Office, Beijing.
Chinese simplified character translation rights © 2011 by JiLin Science & Technology
Publishing House

吉林省版权局著作合同登记号：
图字 07-2010-2371

时尚秋冬披肩、吊带

著	［日］日本靓丽社
译	陈　瑶
助理翻译	王志国　张宇峰
出版人	张瑛琳
责任编辑	李红梅　樊莹莹
封面设计	长春美印图文设计有限公司
制　版	长春创意广告图文制作有限责任公司
开　本	787mm×1092mm　1/16
字　数	100千字
印　张	5.25
印　数	1—5000册
版　次	2011年12月第1版
印　次	2011年12月第1次印刷
出　版	吉林出版集团 吉林科学技术出版社
发　行	吉林科学技术出版社
地　址	长春市人民大街4646号
邮　编	130021
发行部电话/传真	0431-85677817　85635177　85651759 　　　　　　　 85651628　85600611　85670016
储运部电话	0431-84612872
编辑部电话	0431-85619083
网　址	www.jlstp.net
印　刷	长春新华印刷集团有限公司
书　号	ISBN 978-7-5384-5525-0
定　价	22.00元

如有印装质量问题　可寄出版社调换
版权所有　翻印必究　　举报电话：0431-85635185

目 录

花形连接的毛背心　5

花形连接的毛背心钩织方法　7

钩针钩织吊带式中长款毛衫和背心　16

A字形淑女时尚外衣　21

吊带式外衣和背心的棒针编织方法　26

七分袖罩衫　34

简约的毛绒背心　35

花形连接的披巾　36

苏格兰风情的可爱披肩　42

棒针编织的简约风格的披肩　43

蓬松的毛线帽和短围巾　48

棒针钩织蓬松的毛线帽和短围巾　50

晚宴上最亮丽的披肩　56

银线帽和围巾　57

钩针钩织蓬松彩色长方披肩　62

饰花风帽和提包　64

棒针和钩针编织的情趣围巾　70

大花形饰边围巾　71

小花流苏饰边围巾　74

基础针法　78

No. 1

花形连接的毛背心

四角花形连接钩织的背心小巧可爱，制作简单。
一起动手看着钩织图解开始行动吧。
还可以根据个人喜欢装饰流苏饰边。

花形与No.1相同，长短适中，搭配方便。
俏皮的颜色衬托出别样的可爱。

No. 2

花形连接的毛背心钩织方法

2·3页No.1·2的制作方法

※ 使用毛线

No.1 粉色（15） 150g（含流苏饰边）
　　　　　　　　130g（不含流苏饰边）
No.2 浅蓝色（13） 200g

※ 工具

四季钩针 8/0号

※ 成品尺寸

胸围89cm　背肩宽45cm
衣长 NO.1 43.5cm（含流苏饰边）
　　 NO.2 56cm

花形的排列方法
※按照数字顺序钩织
连接箭头所指方向

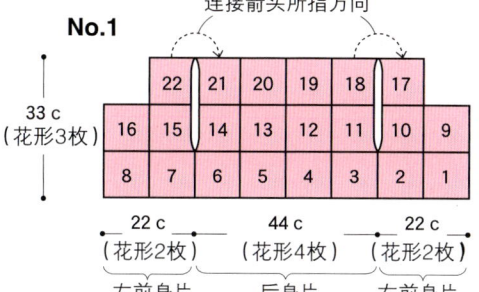

缘编
8/0号钩针

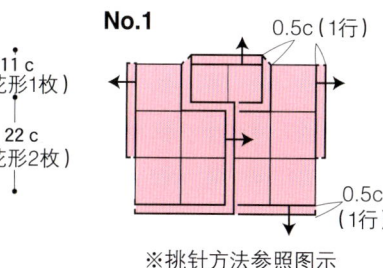

※挑针方法参照图示

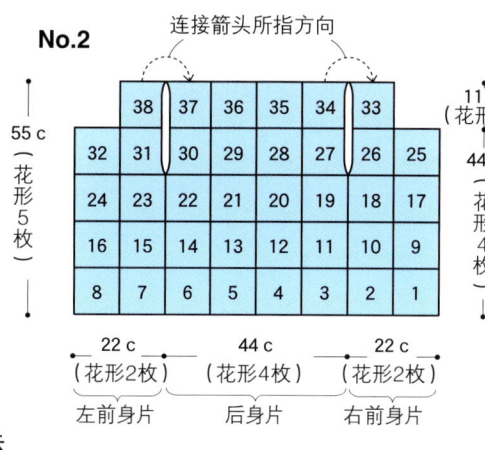

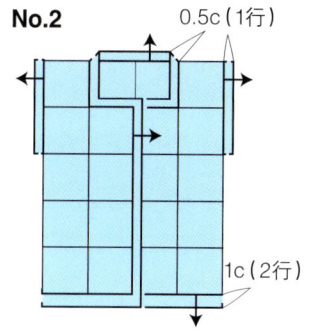

花形的钩织方法图示
8/0号钩针

绳带前端装饰毛线球的钩织方法图示
8/0号钩针

倒锁针编织的绳带上继续钩织毛线球

绳带

成品整理

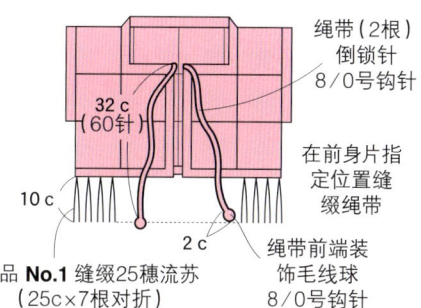

绳带（2根）
倒锁针
8/0号钩针

32c（60针）

10c

2c

作品 No.1 缝缀25穗流苏（25c×7根对折）

在前身片指定位置缝缀绳带

绳带前端装饰毛线球
8/0号钩针

花形的连接方法和缘编的钩织方法图示

※与箭头所指针线圈连接

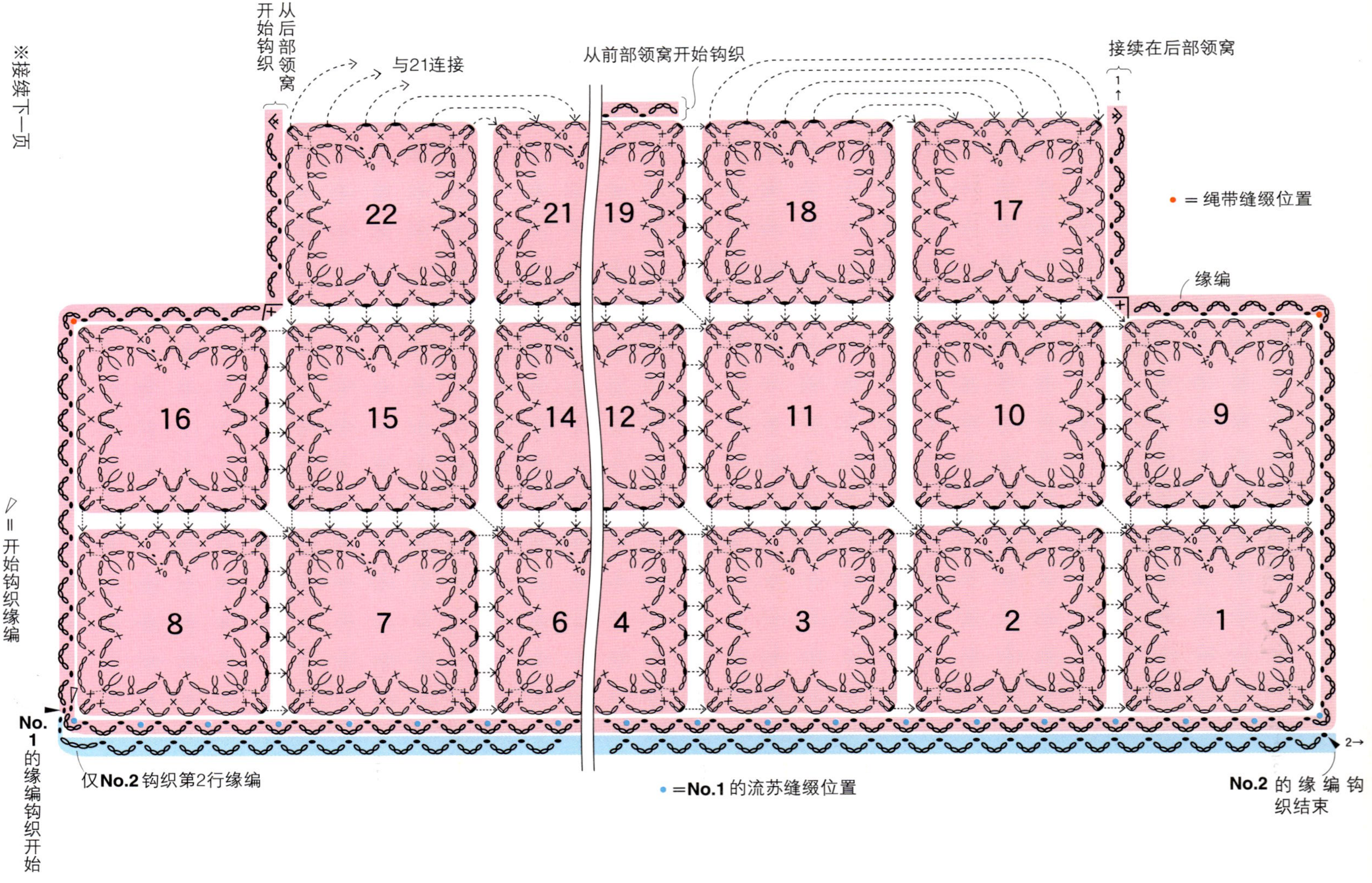

※接续下一页

1 钩织一枚花形

❋ 环 环编起针法

1 左手示指绕线2周。

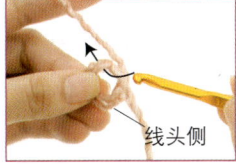

2 抽出示指握住线圈,如图箭头所示入针。

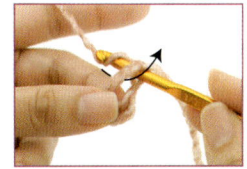

3 挂线,如图箭头所示抽出钩针。

4 再次挂线,如图箭头所示抽出钩针。

5 环编起针法完成。

❋ 第1行 ○ 锁针　　　　　　　　　　　　　❋ 丅 长针

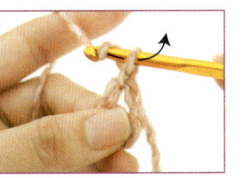

6 挂线,如箭头所示抽出钩针。

7 完成锁针。

8 继续钩织2针锁针。完成第1行的3针起立锁针。

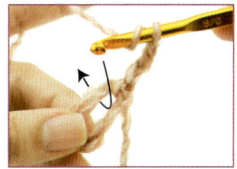

9 挂线,如箭头所示在起针的环内入针。

10 挂线,如箭头所示抽出钩针。

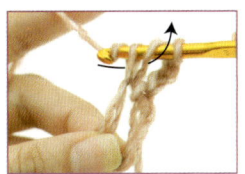

11 挂线,如箭头所示抽出钩针。

12 挂线,如箭头所示抽出钩针。

13 完成的长针。

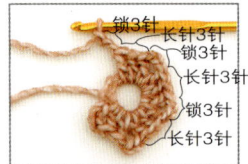

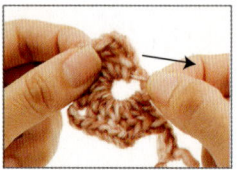

14 继续钩织1针锁3针。

15 重复钩织3次长针3针和锁3针。

16 手指握住开始钩织时的线头一侧,如箭头所示方向轻轻拉紧。

17 手指握住环编部分,如箭头所示方向收紧环编。

18 收紧的部分。

19 如箭头所示方向拉紧线头,收紧另1层环编。

20 收紧的状态起针的环编完全。

※  引拔针

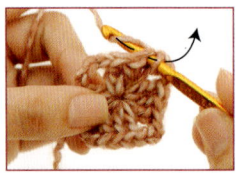

21 如箭头所示在第1行起立的锁针第3针处入针。

22 挂线,如箭头所示抽出钩针。

23 完成的引拔针。

※ 第2行 ✕ 短针

※第2行以后照片解说仅为钩织要点,详细钩织方法请参照P.4钩织方法图。

24 钩织第2行起立的锁针1针,如箭头所示入针。

25 挂线,如箭头所示抽出钩针。

26 挂线,如箭头所示抽出钩针。

27 完成的短针。

* 8 中长针2针的变形玉编

  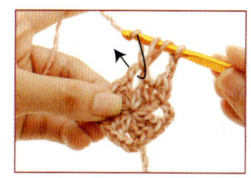 

28 挂线,如箭头所示方向入针。

29 挂线,如箭头所示方向抽出钩针(毛线长度适当拉长,钩织效果更好)。

30 挂线,如箭头所示在与28相同处入针。

31 挂线,如箭头所示方向抽出钩针。

32 挂线,如箭头所示方向抽出钩针。

33 挂线,如箭头所示方向抽出钩针。

34 完成中长针2针的变形玉编。

* 第3行/行钩织开始的引拔针

※第2行钩织结束和第3行钩织开始的短针之间有少许间隙,在靠近短针位置钩织1针引拔针。

  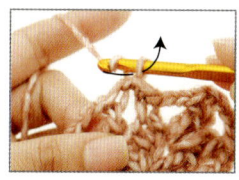

35 如箭头所示方向入针。

36 挂线,如箭头所示方向一次性抽出钩针。

37 第3行钩织1针起立的锁针。

* 第4行/角的钩织方法

38 如箭头所示方向在第3行的角入针,钩织短针。

39 锁针5针,继续在与38相同的地方入针,再次钩织短针。

40 第4行完成的图示。线头留约15cm,从挂在钩针上的环编处抽出线头。

11

※ 线头处理

41 如箭头所示,线头穿到缝针上。

42 如箭头所示入针,从花形内侧出针。

43 花形内侧穿过线头约3cm。

44 剪断线头,钩织开始时的线头处理方式相同。

45 钩织完成1枚花形。

2 第2枚以后的花形钩织方法

※第2枚以后的花形在第4行处与相邻花形连接。
※为方便解说,第2枚花形用不同颜色钩织。

1 第4行钩织前的方法与第1枚花形钩织方法相同。(钩织到连接边的角锁2针处)。

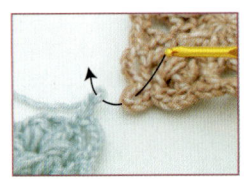
2 从线圈中抽出钩针,如箭头所示从第1枚花形的角外侧入针,并且穿过先前的线圈。

3 如箭头所示第2枚的针线圈从第1枚的针线圈内抽出。

4 抽出线圈。

5 挂线,如箭头所示抽出钩针。

6 抽出钩针,2枚花形的第1处连接完成。

7 锁2针,继续钩织1针短针。

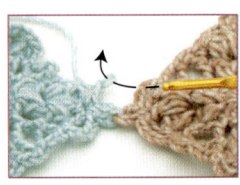
8 锁2针,从线圈中抽出钩针,如箭头所示从第1枚花形外侧入针,并且穿过先前的线圈。

9 钩织方法与3~5相同，钩织引拔针，继续钩织2针锁针，1针短针，第2处连接完成。

10 重复上述步骤，完成一条边的6处连接。

11 参照花形连接图示，将No.1的全部共22枚花形（No.2共38枚）连接完毕。

3 缘编　※为方便解说，缘编用不同颜色钩织。

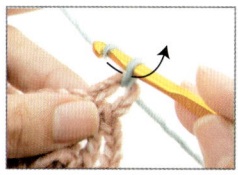
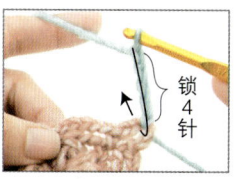

1 如箭头所示方向在缘编开始钩织的位置入针。

2 挂线，如箭头所示方向抽出钩针。

3 再次挂线，如箭头所示方向抽出钩针。

4 锁4针，如箭头所示方向在与1相同处入针。

5 挂线，如箭头所示方向一次性抽出钩针。

6 锁4针，如箭头所示方向入针。

7 钩织引拔针。相同方法再钩织4针锁针和引拔针，重复此步骤。

※ 短针2针并1针

※领窝的角部分不钩织引拔针，而钩织短针2针并1针。

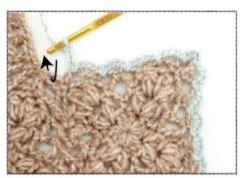

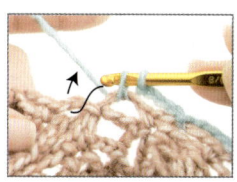

8 如箭头所示方向入针。

9 挂线，如箭头所示抽出钩针。

10 如箭头所示继续入针，钩织方法与9相同，挂线抽出钩针。

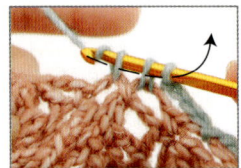  

11 挂线，如箭头所示一次性抽出钩针。

12 完成短针2针并1针。

13 参照钩织方法图示，下摆、右前襟、领窝、左前襟分别钩织缘编。袖口也钩织相同的缘编。

4 绳带钩织方法（倒锁针）

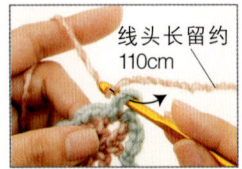  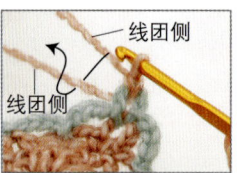 

1 从绳带缝缀位置的表侧入针，如箭头所示挂线抽出钩针。线头长留约110cm（绳带长的3~3.5倍）。

2 再次挂线如箭头所示方向抽出钩针。

3 如箭头方向所示用线头一侧毛线挂线。

4 线团侧毛线挂线。

 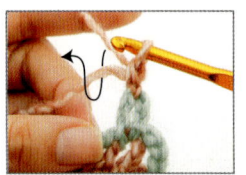  

5 挂线，如箭头所示一次性抽出钩针。

6 钩织1针。继续如箭头所示方向移动钩针，线头侧毛线挂线。

7 线团侧毛线挂线，如箭头所示方向一次性抽出钩针。

8 重复步骤6~7，钩织32cm绳带。

5 钩织绳带端部饰物

❋ 中长针4针的玉编

 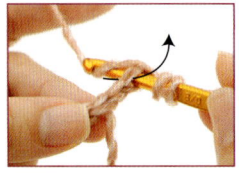 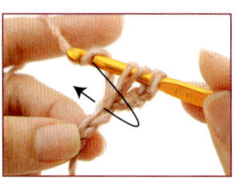 

1 接续绳带继续钩织锁针3针，挂线，如箭头所示位置入针。

2 挂线，如箭头所示方向抽出钩针。

3 挂线，如箭头所示在与步骤1相同处入针抽出。

4 重复2次步骤3。一共抽出钩针4次。

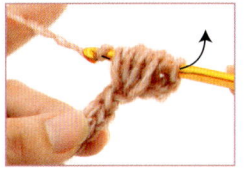 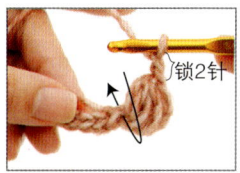 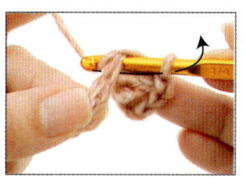 

5 挂线，如箭头所示方向一次性抽出钩针。

6 锁2针，如箭头所示方向在与步骤1相同处入针。

7 挂线，如箭头所示方向一次性抽出钩针。

8 引拔抽出钩针的状态。

9 处理线头。完成绳带端部饰物钩织。

6 流苏装饰方法（仅用于No.1）

1 准备毛线25cm×175根，每7根对齐后对折。

2 从流苏装饰位置里侧入针，将步骤1准备好的毛线挂线，如箭头所示方向抽出钩针。

3 在里侧抽出的环中穿过毛线。

4 如箭头所示方向拉紧毛线。

5 完成1处流苏装饰。

6 完成25处流苏装饰。

15

钩针钩织吊带式中长款毛衫和背心

No. 3

中长款式配合褶皱饰边下垂的质感,凸显本季的流行元素。
亮丽的蓝绿色系列,渐变的层次感,给冬季增添了一抹明快。

No.
4

❁ ❁ ❁
No.3的褶皱下摆和无袖设计，让你穿着更随心所欲、个性鲜明，成为这个季节的最炫潮人。

10页 No.3　　11页 No.4

※ **使用毛线**

极细毛线

No.3　绿色段染（2）290g

No.4　橙色段染（3）150g

※ **其他材料**

纽扣（10mm）6颗

缝线（缝缀纽扣用）

※ **工具**

四季钩针 6/0号

缝针（缝缀纽扣用）

※ **钩织密度（10cm）正方形**

花样钩织　19针 8.5行

※ **成品尺寸**

No.3　胸围83.5cm　衣长65.5cm

No.4　胸围83.5cm　衣长45.5cm

※ **制作方法**

1. 锁针起针，钩织花样。No.3继续钩织褶皱饰边。
2. 钩织缘编。
3. 钩织肩带，缝缀在衣片上。
4. 缝缀纽扣。

No.3

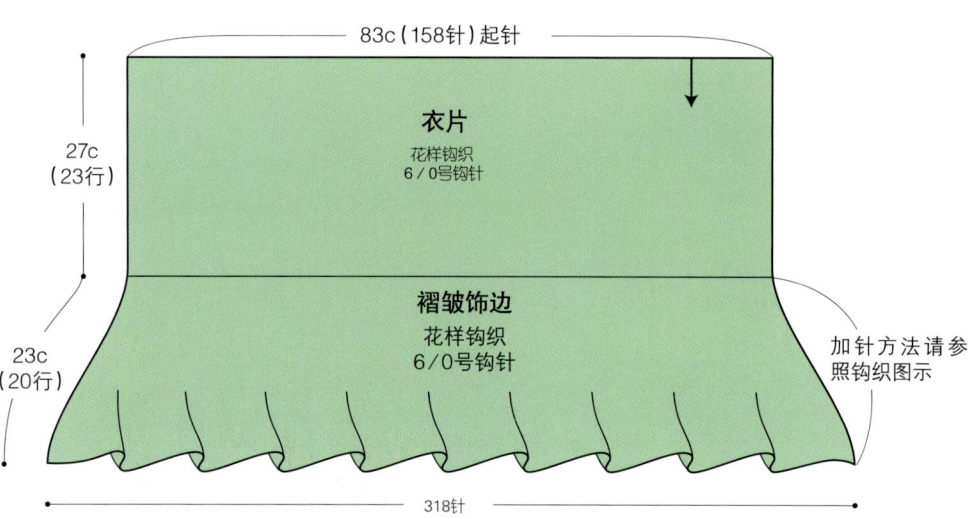

No.4

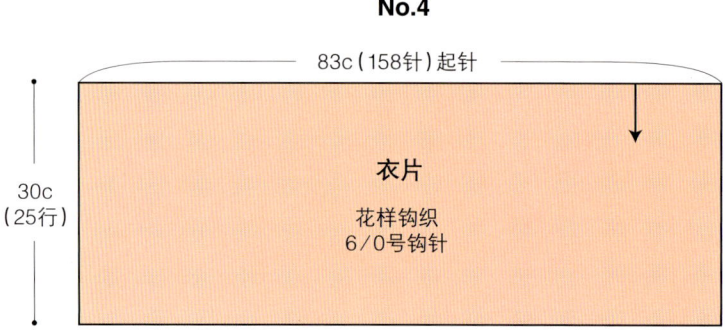

缘编
短针　6/0号钩针

No.3

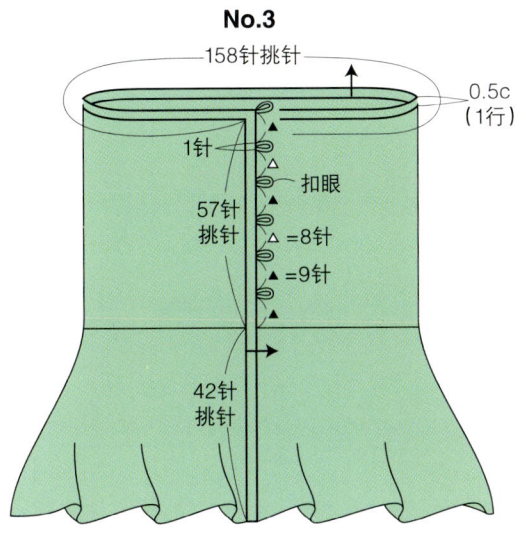

No.4

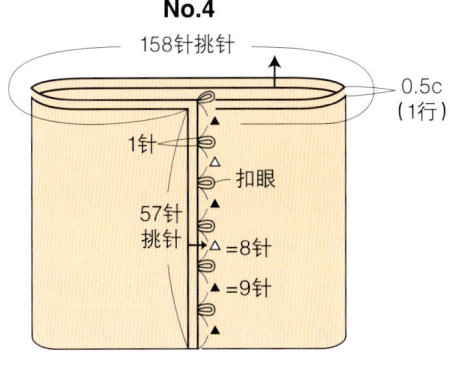

缘编的钩织方法图示

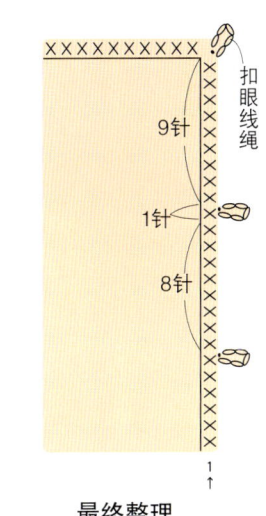

No3·4肩带（2根）

短针

6/0号钩针

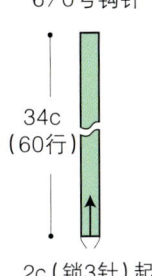

肩带的钩织方法图示

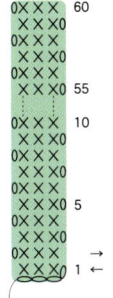

开始钩织
锁3针起针

最终整理
缝缀肩带、纽扣

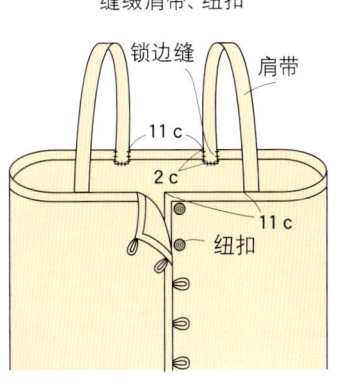

※接续下一页

No.3　身片和褶皱饰边的钩织方法图示

开始钩织　锁158针起针

5针1个花样

No.4　衣片的钩织方法图示

开始钩织 锁158针起针

5针1个花样

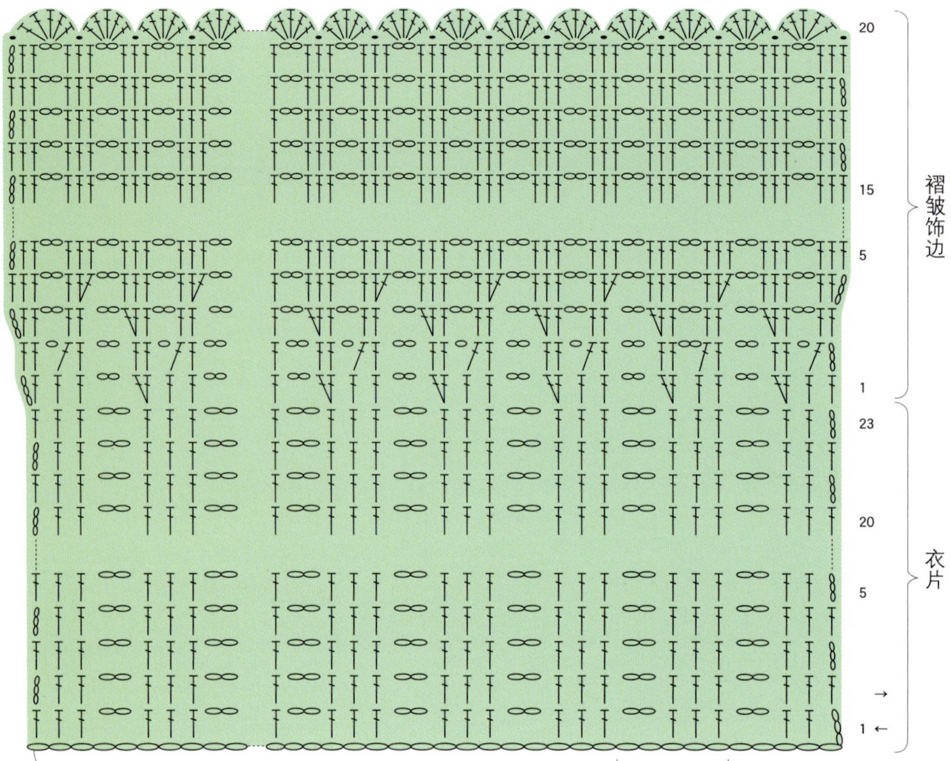

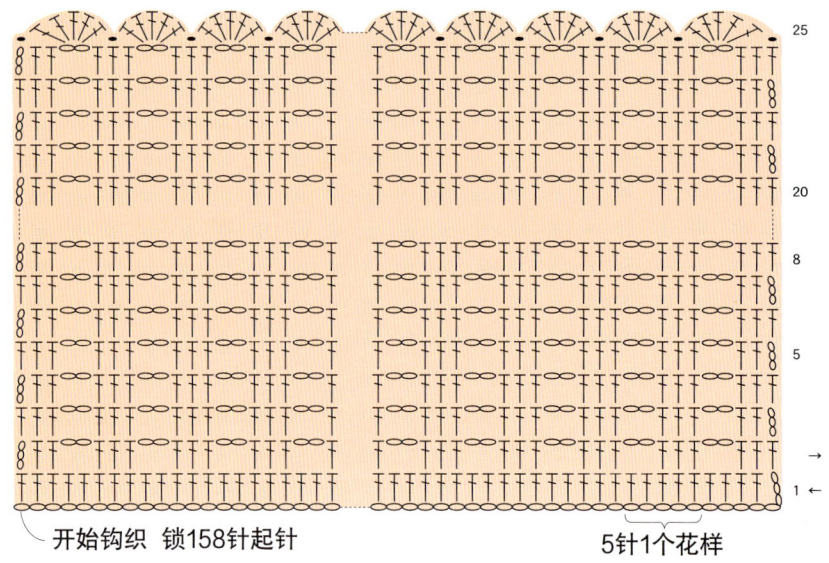

A字形淑女时尚外衣

❋ ❋

袖隆和领窝的小喇叭花形点缀着长针钩织的拼接，搭配A字形的设计，让少女在落落大方中散发出青春俏皮的魅力。

No. 5

15页 No. 5

* 使用毛线
  合粗毛线
  暗红色(8) 340g
* 工具
  四季钩针 5/0号
* 钩织密度（10cm）正方形
  长针 22.5针 10.5行
  花样钩织A 2.8个花样 12行

* 成品尺寸
  胸围86cm 背肩宽33cm 衣长70.5cm
* 制作方法
  1. 锁针起针，长针钩织后部和前部的拼接部分。
  2. 拼接部分的腋下用锁针和引拔针缝合。
  3. 引拔针缝合肩部。
  4. 从拼接部分的起针部分挑针，环编，钩织前后身片的花样。
  5. 领窝、袖隆部分钩织缘编。

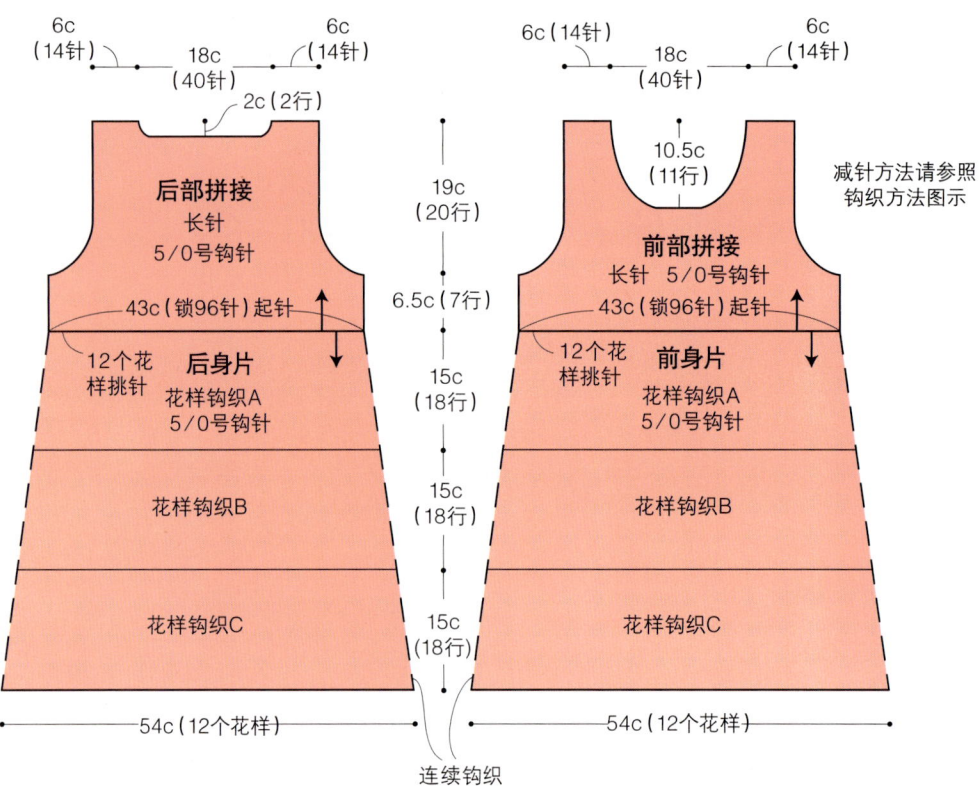

领窝·袖隆
缘编 5/0号钩针

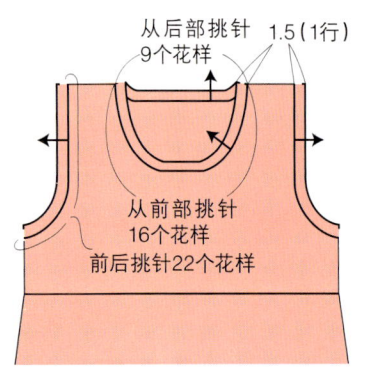

缘编的钩织方法图示

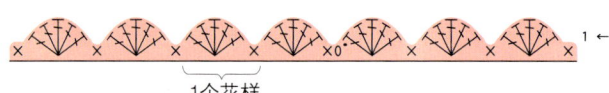

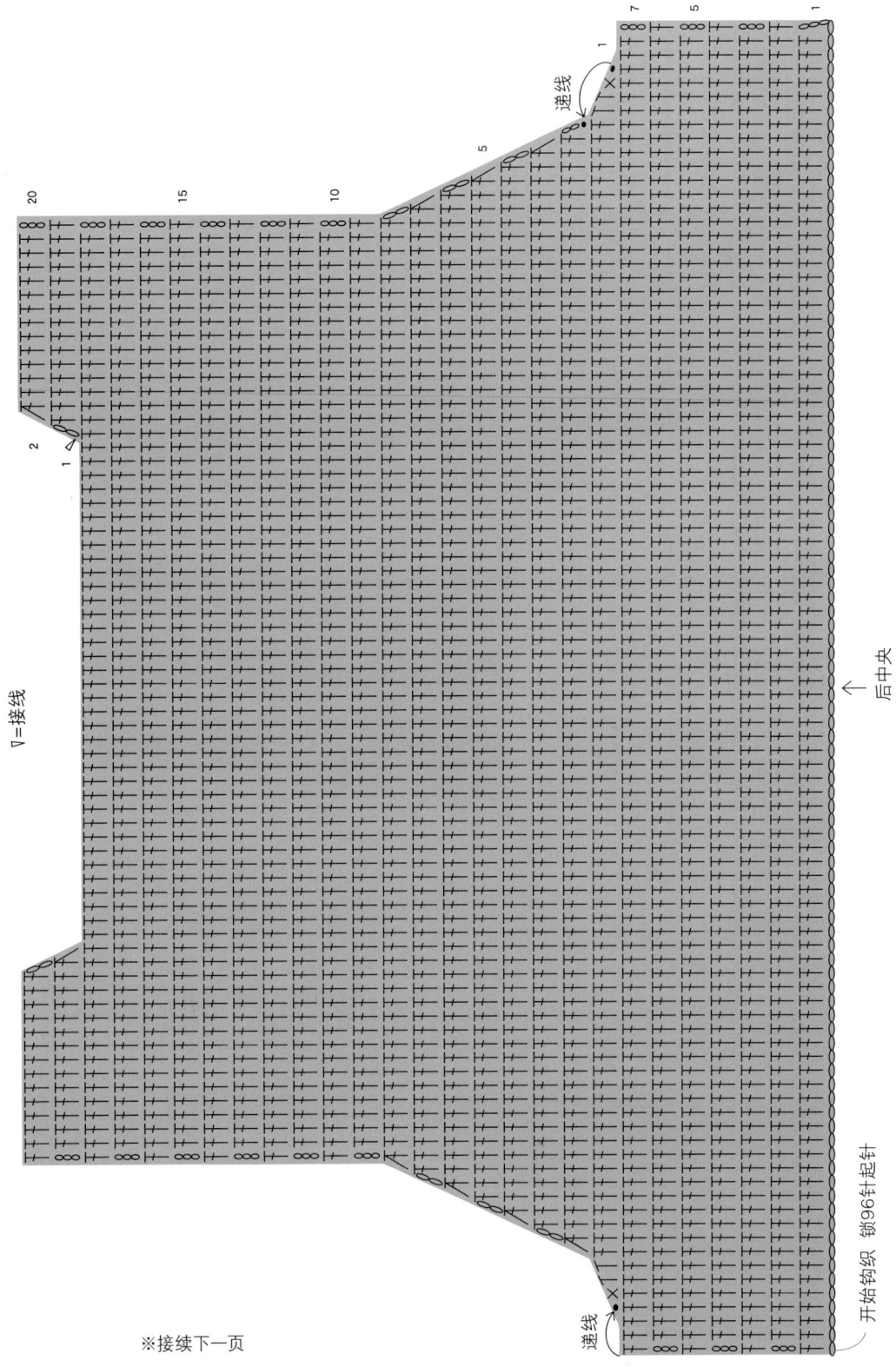

后部拼接的钩织方法图示

▽=接线

※接续下一页

前部拼接的钩织方法图示

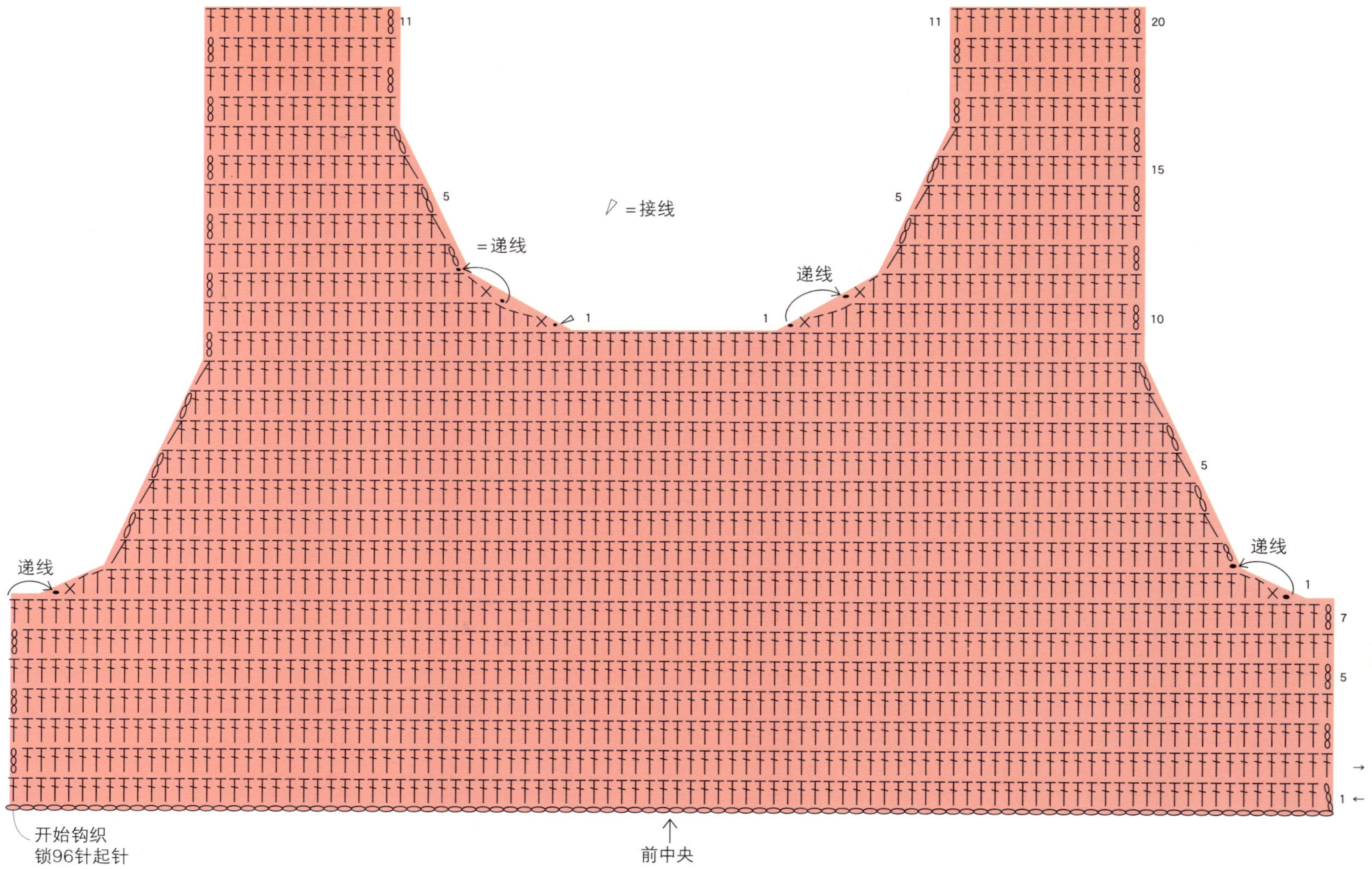

▽ = 接线

前中央

开始钩织
锁96针起针

前后身片的钩织方法图示

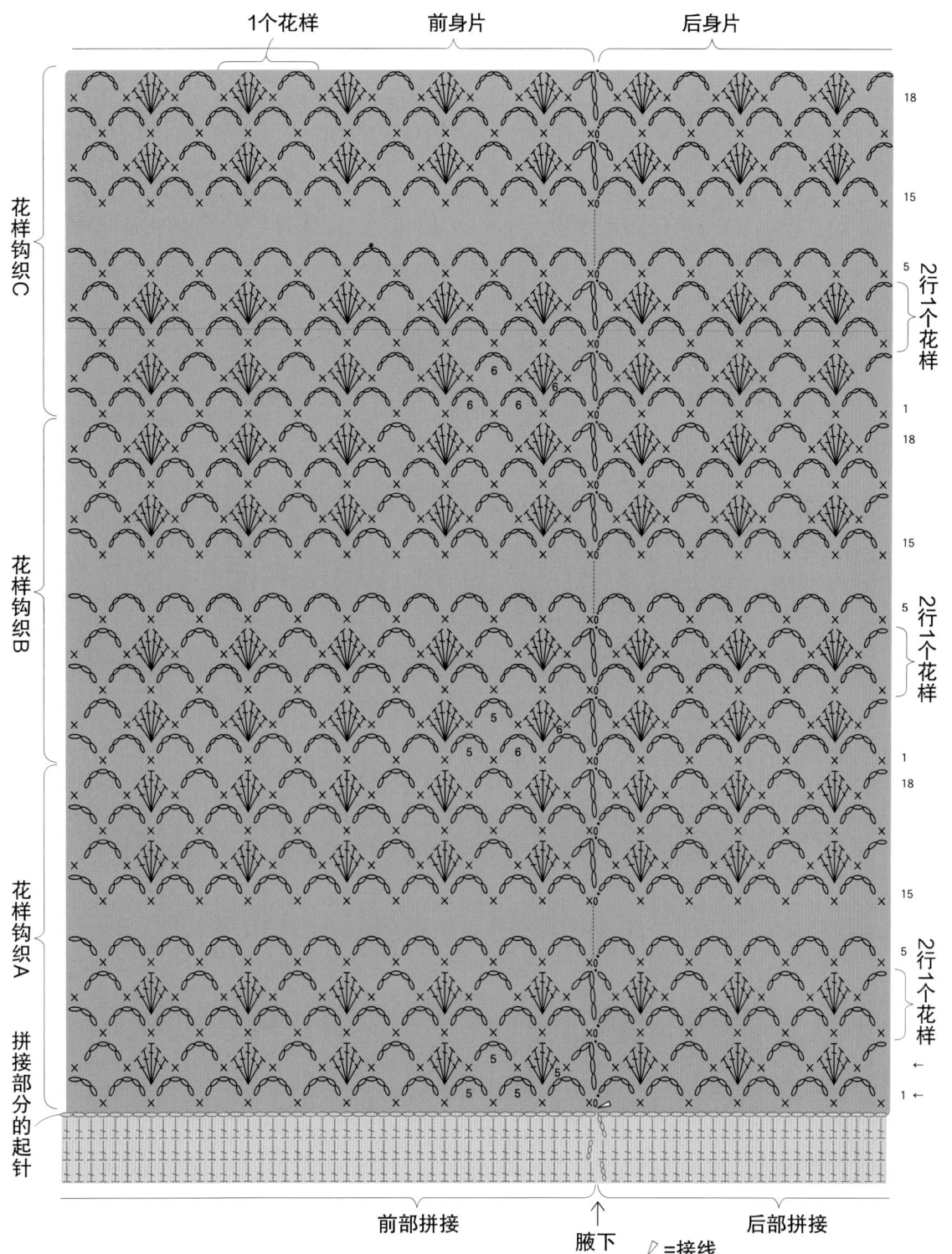

吊带式外衣和背心的棒针编织方法

No. 6

❄❄❄
简单的款式,对称的图案,配合高腰的拼接设计,让冬季的你活泼中不失端庄,俏皮中透出可爱。

No.
7

❋❋❋
本款为No.6的短款设计。
建议身材娇小的女孩儿尝试编织本款作品，一定会给你一个意外的惊喜。

20页 No. 6　　21页 No. 7

❋ 使用毛线
中粗毛线
- **No.6**　米色（11）330g
- **No.7**　蓝绿色（19）250g

❋ 工具
- 四季棒针　2根　8号
- 四季钩针　6/0号
- 环编针

❋ 编织密度（10cm）正方形
- 下针编织　18针　25行
- 花样编织　23针　26行

❋ 成品尺寸
- No.6　胸围80cm　衣长约64cm
- No.7　胸围80cm　衣长约50cm

❋ 制作方法
1. 一般起针法起针，按照编织花样A，下针编织，编织花样B的顺序，依次编织后身片、后拼接部分、前拼接部分，编织结束套收。
2. 缝针缝合腋下。
3. 缘编。
4. 钩织并缝缀肩带。

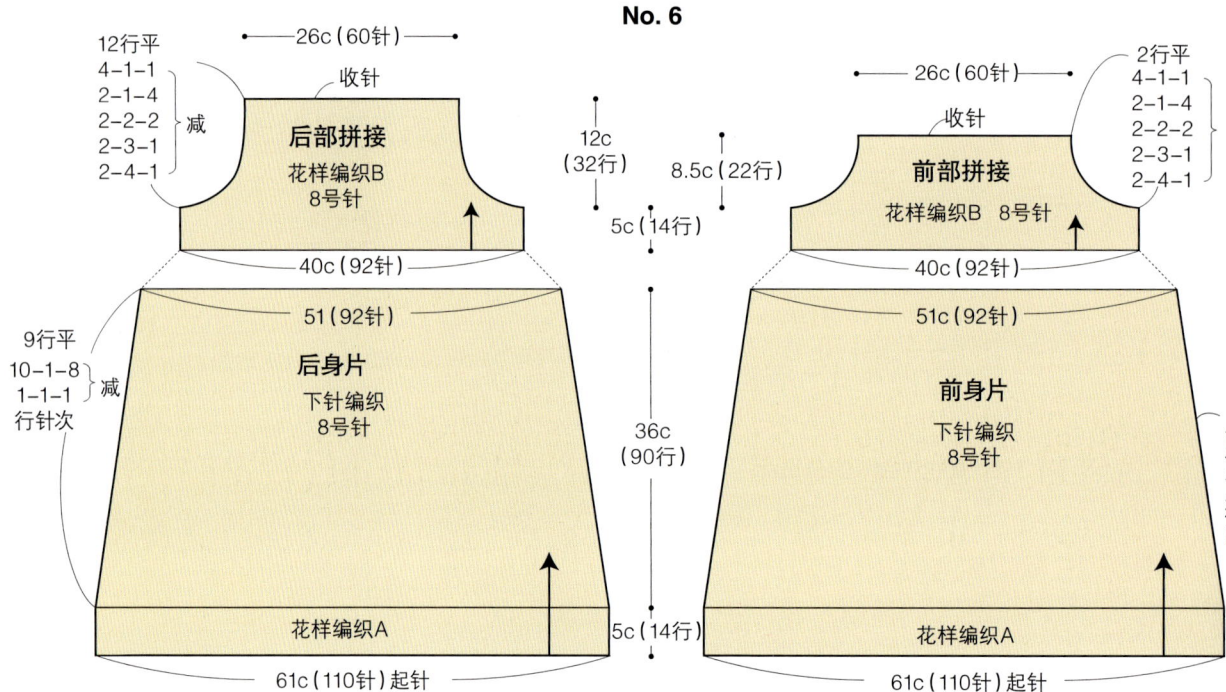

No. 6

No. 7

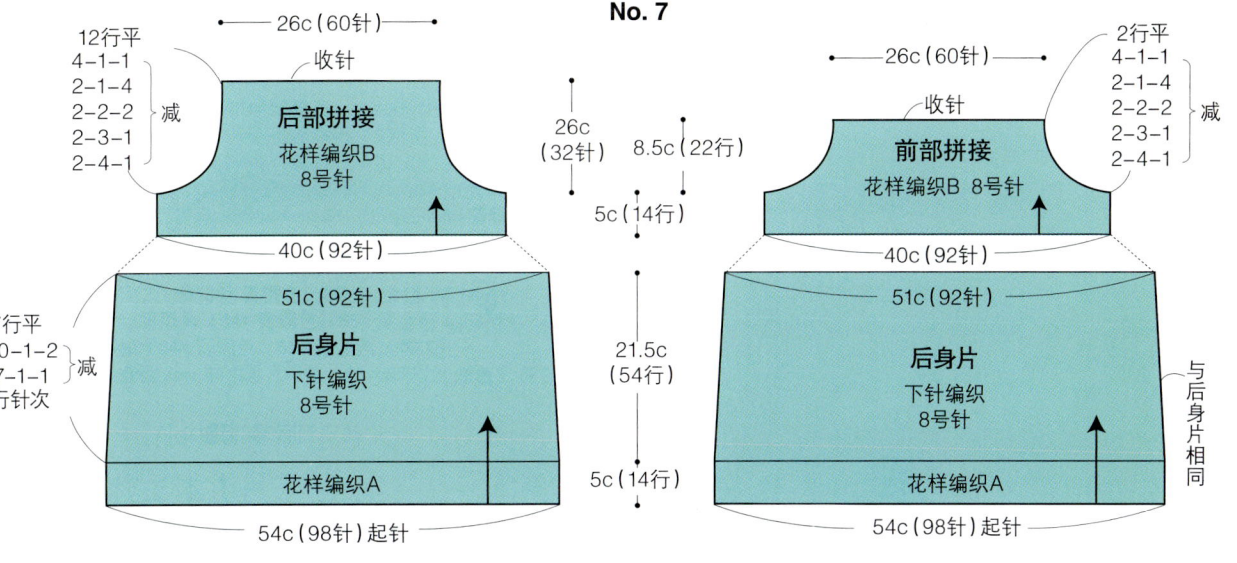

No. 6・7 共通

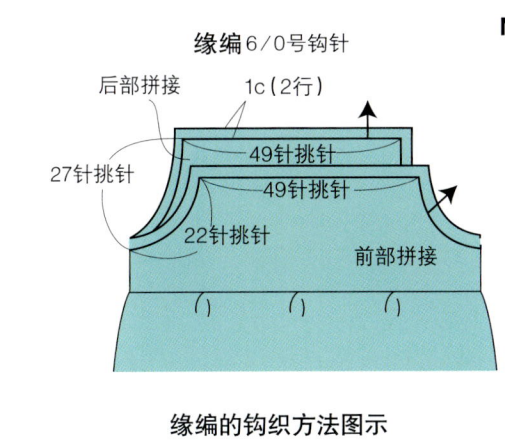

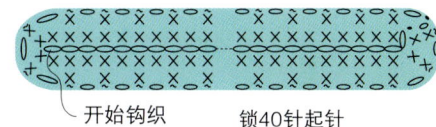

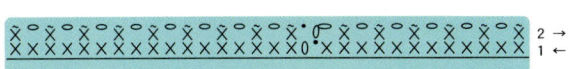

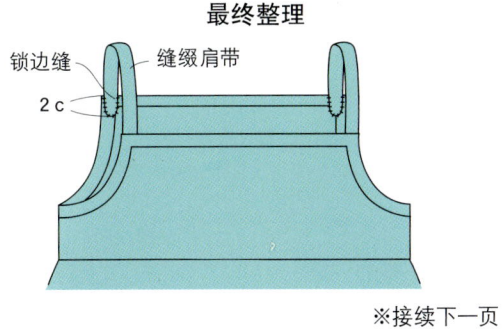

※接续下一页

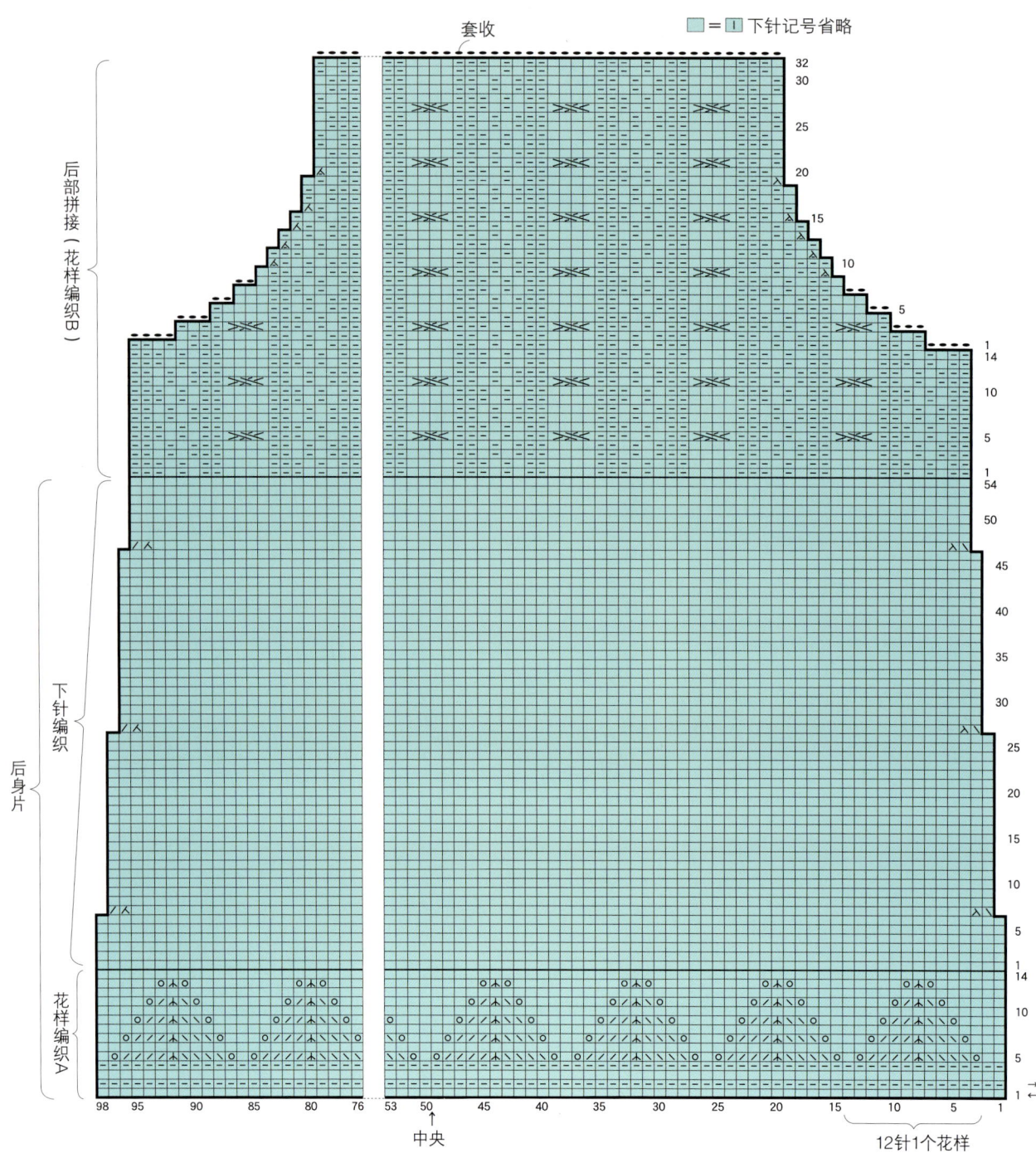

※偶数行因为是面向内侧编织，所以实际上 人 和 人 编织符号代表的编织方法相同。

No. 7　前部拼接的编织方法图示
（前身片和后身片方法相同）

= □ 下针记号省略

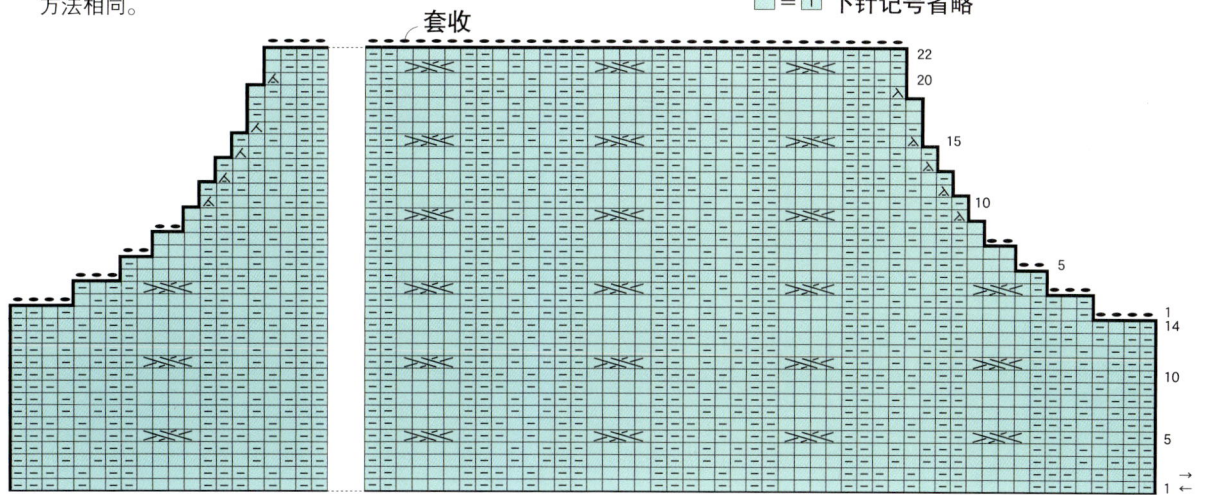

 中上3针并1针

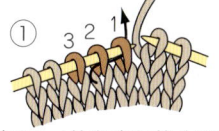
① 按照2·1的顺序如箭头所示右棒针入针，不做编织把线圈移到右棒针上。

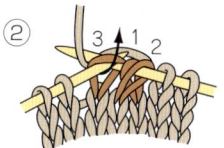
② 右棒针从第3针入针，编织下针。

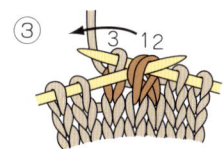
③ 左棒针从移到右棒针上的1·2针入针，覆盖住第3针。

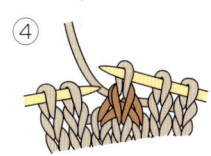
④ 完成中间针线圈在最上方的中上3针并1针。

入 右上2针并1针（上针）

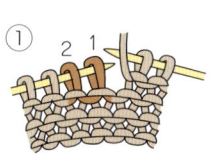
①

② 交换1和2的位置

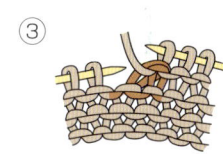
③

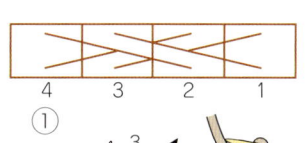 右上2针交叉

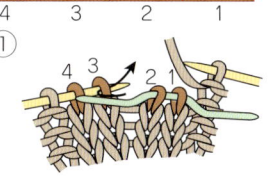
① 用环编针挑下1·2针，作为编织的暂休针。

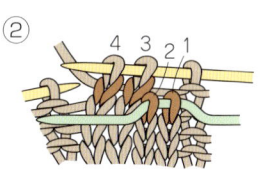
② 按照3·4的顺序进行下针编织。

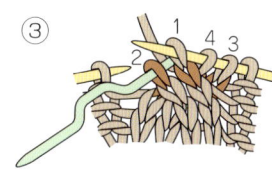
③ 环编针上的暂休针按照1·2的顺序进行下针编织。

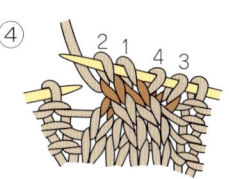
④ 完成右上2针交叉的编织。

※接续下一页

No.6 后身片・前身片的编织方法图示

（后部拼接・前部拼接的编织方法与No.7相同） □ = ① 下针记号省略

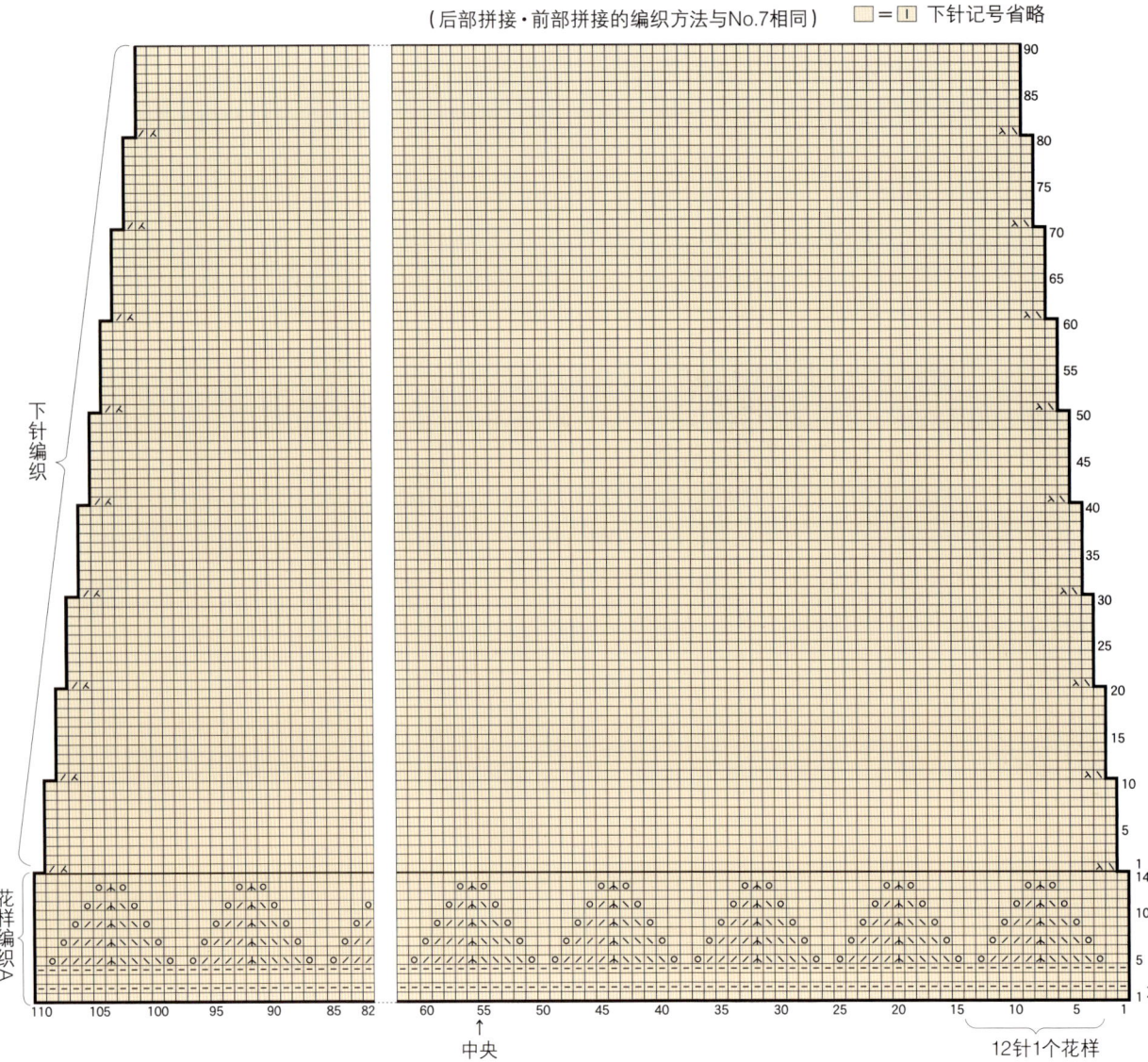

28页 No. 8

※使用毛线
米色毛线（2）235g
白色毛线（1）65g

※工具
四季棒针4根针 15号

※编织密度（10cm）正方形
花样编织 12.5针 15.5行

※成品尺寸
衣长 56cm

※制作方法
1. 一般起针法起针，编织花样，结束时套收
2. 缝针缝合腋下
3. 上下针编织领窝、下摆、袖口，编织结束套收

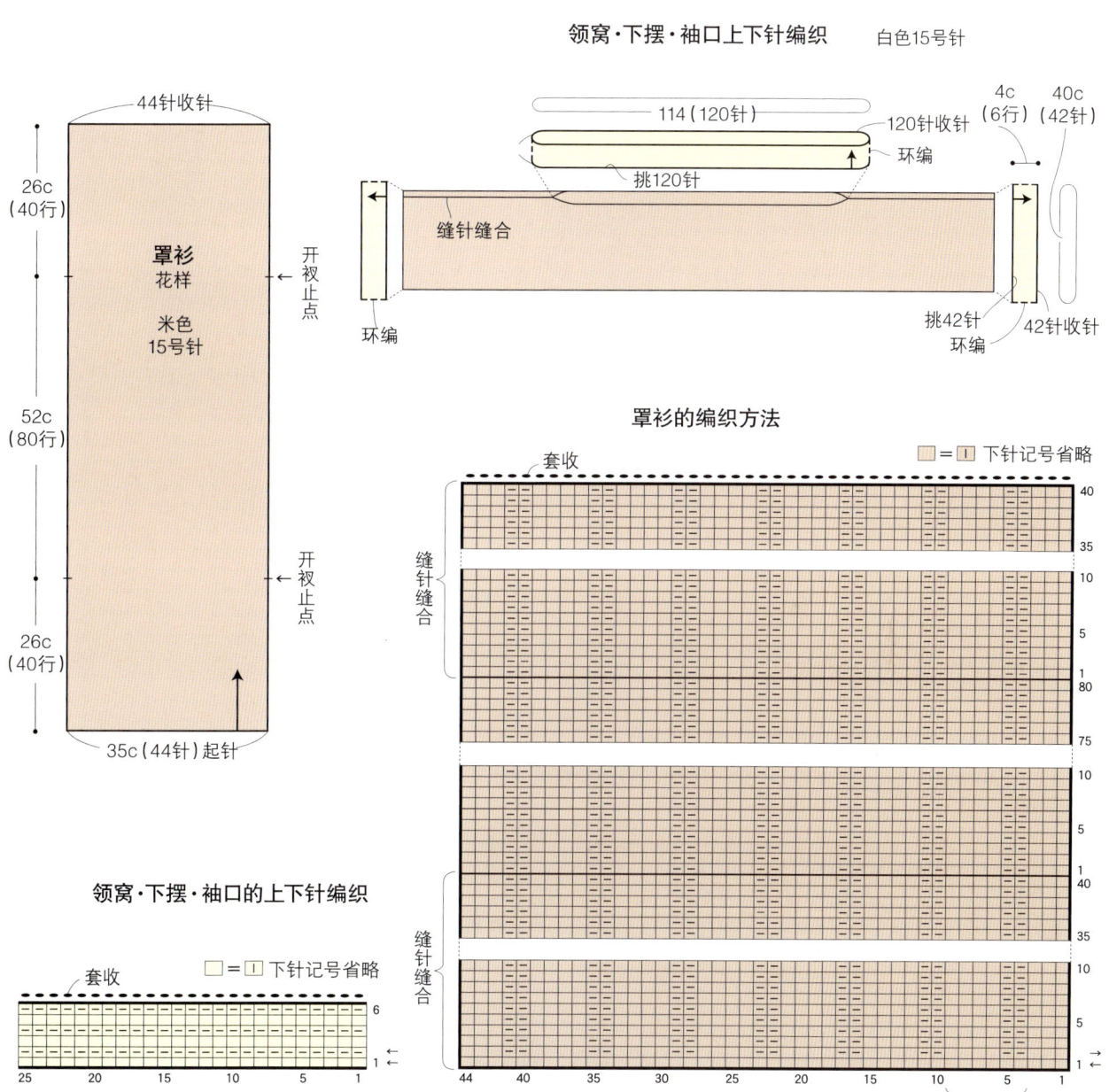

No.
8

七分袖罩衫

❋ ❋ ❋

宽松舒适的七分袖设计,搭配洁白的绒毛饰边。
短款的夹克样式,洋溢着青春的靓丽。

简约的毛绒背心

设计简约的四角形，穿着舒适方便。柔软的毛绒质地，为你带来冬天里最浪漫的温暖。

No.
9

花形连接的披巾

No. 10

30页 No. 10

* **使用毛线**
  中编毛线
  粉色・红色系段染（132）570g
* **工具**
  四季钩针7/0号
* **成品尺寸**
  衣长81.5cm（含流苏饰边）

* **制作方法**
  1. 环编起针，钩织1枚花形A。
  2. 从第2枚花形开始，在最终行与相邻的花形连接，共钩织42枚花形A。
  3. 钩织1枚花形B并且与花形A连接。
  4. 领部钩织缘编。
  5. 下摆装饰流苏饰边。
  6. 钩织绳带穿过领部。

花形的排列方法

※按照1~43的顺序钩织花形。
按照箭头所指方向连接花形。

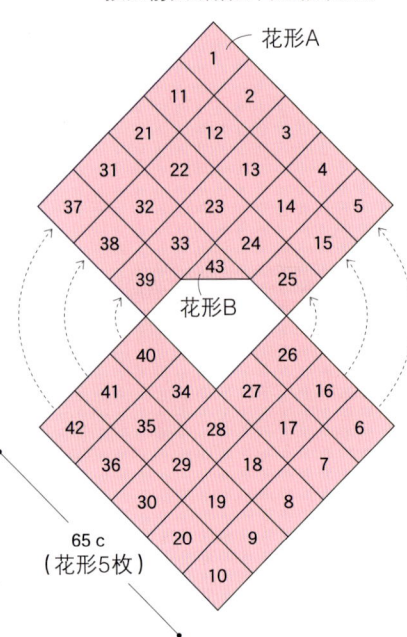

领・流苏
7/0号钩针
※挑针参照图示

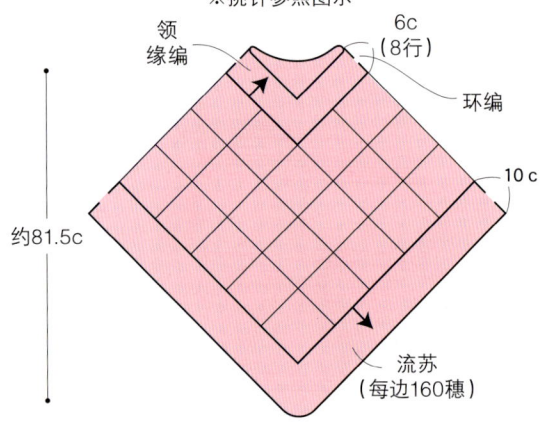

花形A的钩织方法（42枚）
7/0号钩针

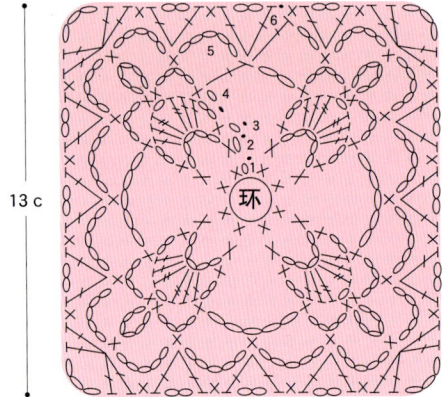

花形B的钩织方法（1枚）
7/0号钩针

绳带的钩织方法
7/0号钩针

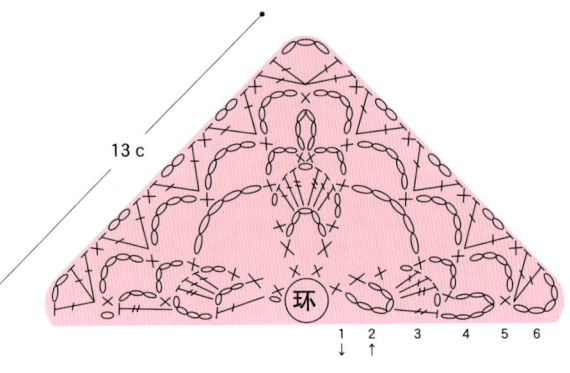

流苏的钩织方法

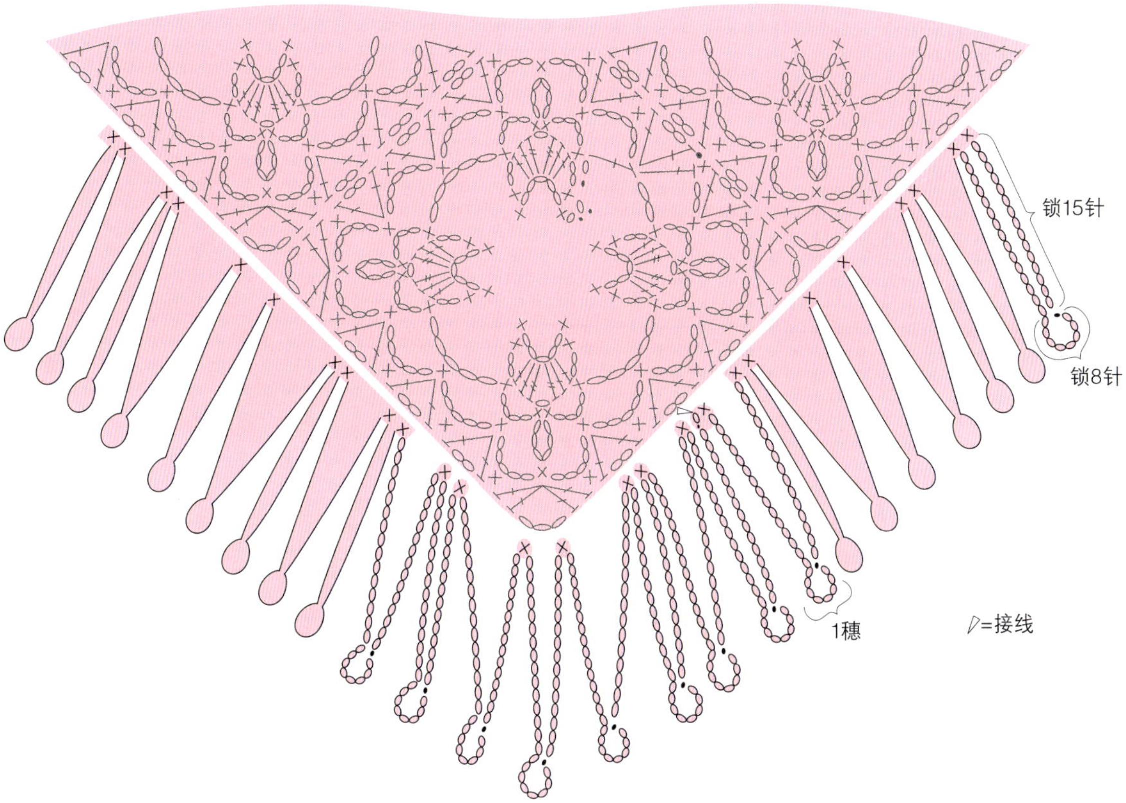

锁15针
锁8针
1穗
▽=接线

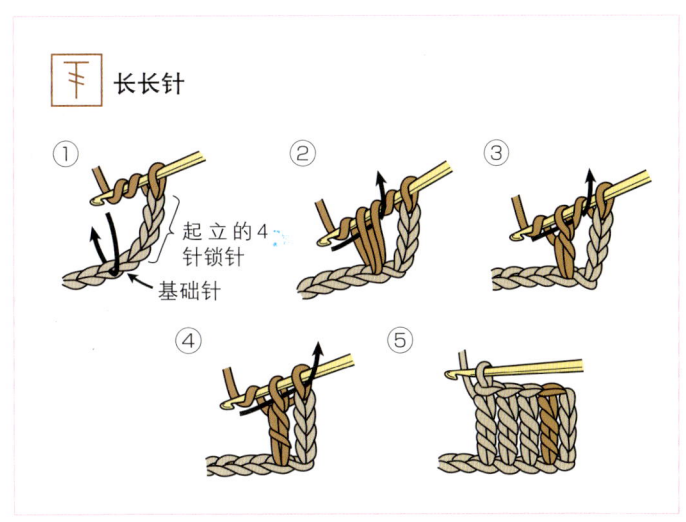

长长针

起立的4针锁针
基础针

※接续下一页

花形的连接方法和领的钩织方法

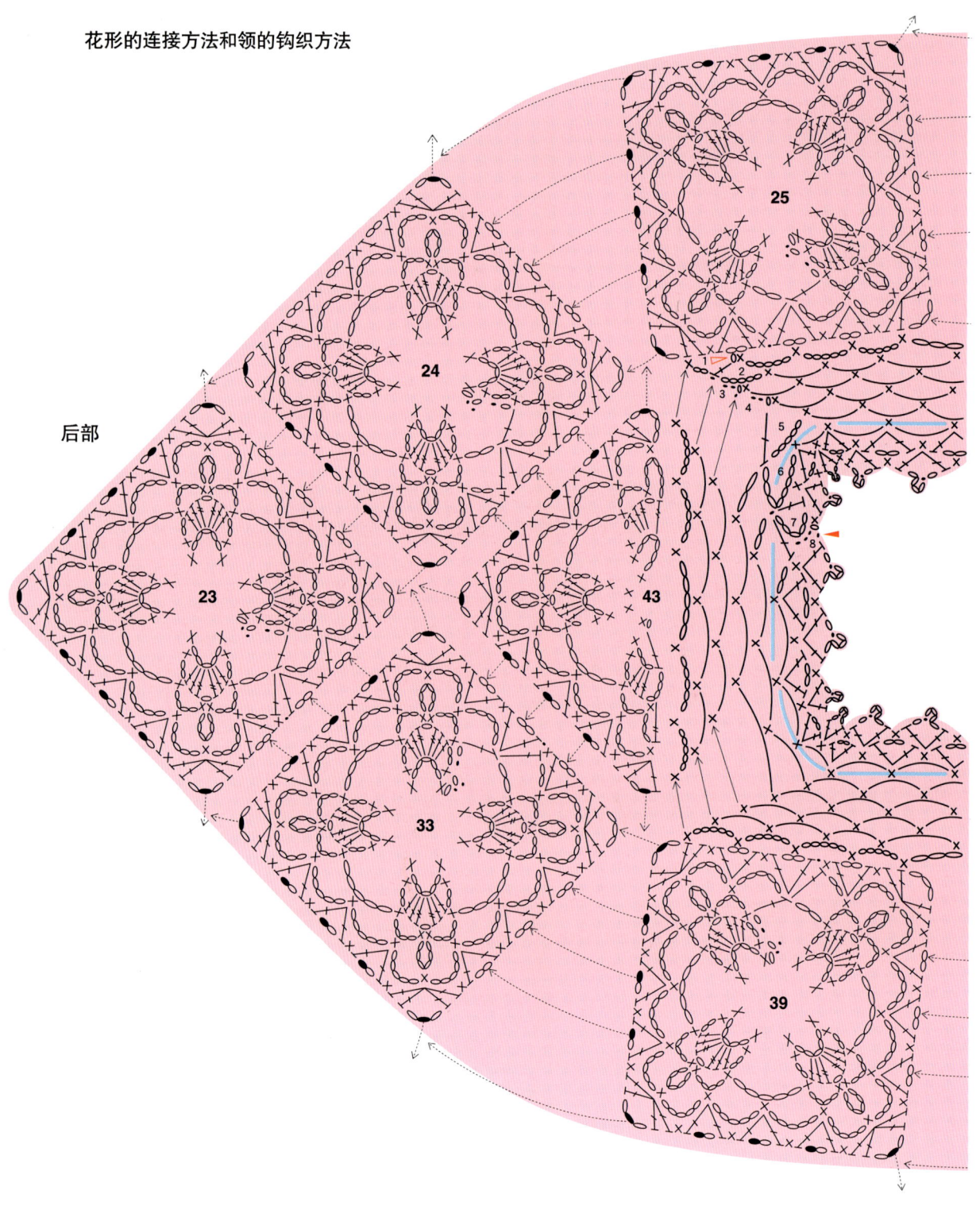

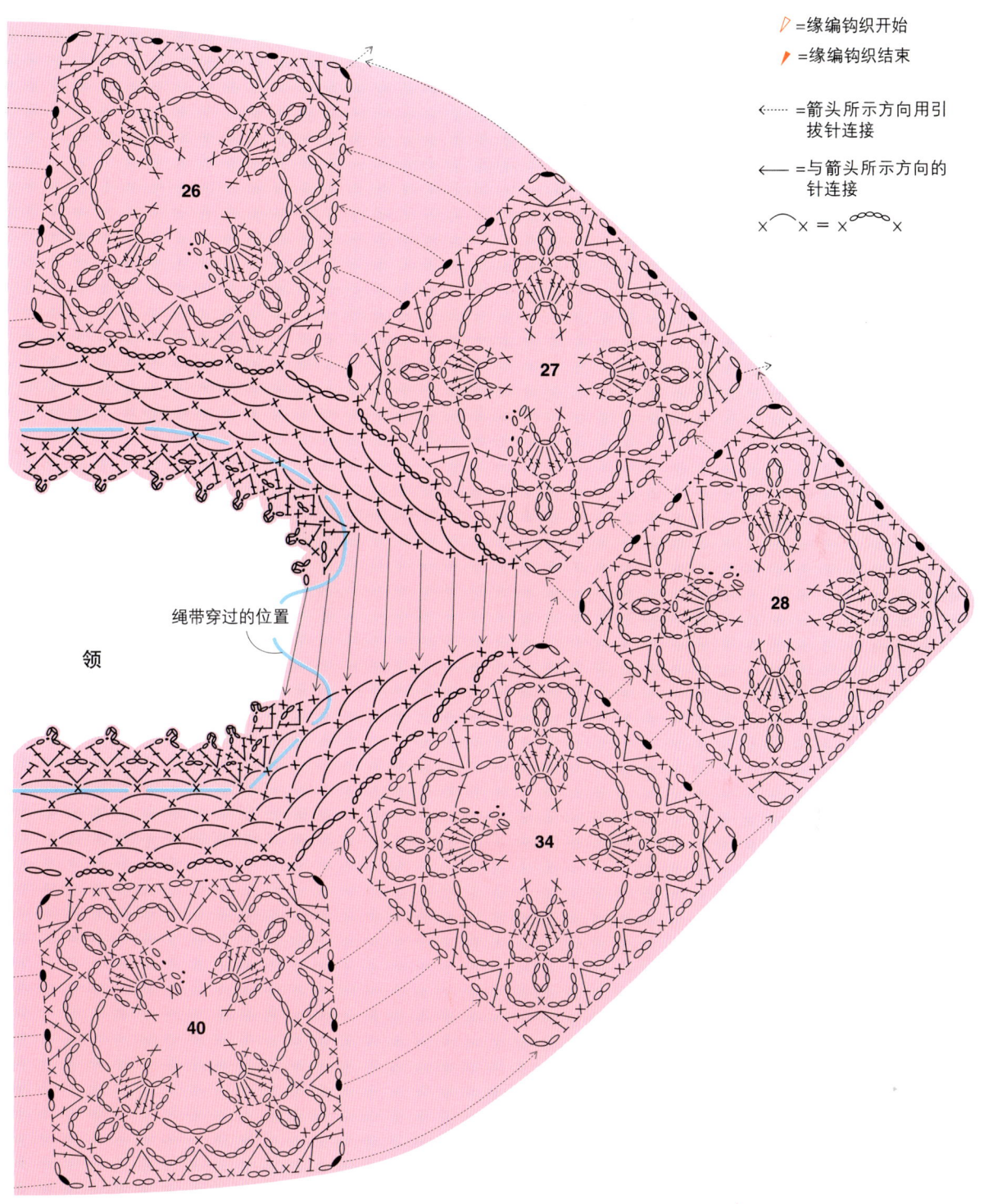

苏格兰风情的可爱披肩

钩针钩织的短款可爱披肩。
散发着异国的风情万种。
端庄中流露出知性美的沉静。

No.
11

No. 12

纽扣成为本款披肩的亮点。
上下针编织的简约风格，饰边的流苏设计。
温暖和稳重中闪现出一抹轻快的灵动。

棒针编织简约风格的披肩

36页 No. 11

❋ **使用毛线**
米色毛线（31）80g
浅茶色毛线（32）50g

❋ **工具**
四季钩针 5/0号

❋ **成品尺寸**
衣长 26cm

❋ **制作方法**
1. 锁编起针，钩织披肩花样。
2. 从起针处挑针，钩织领。
3. 钩织绳带，穿过披肩指定位置。

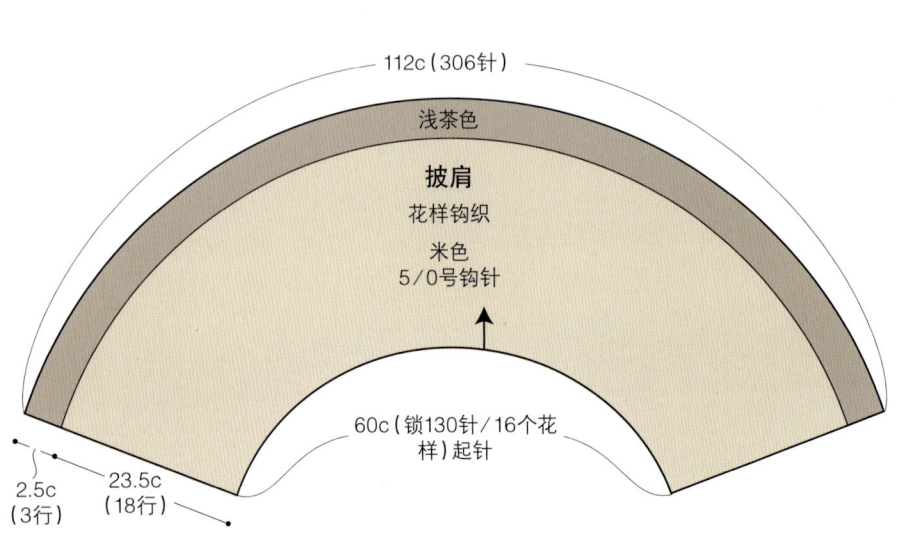

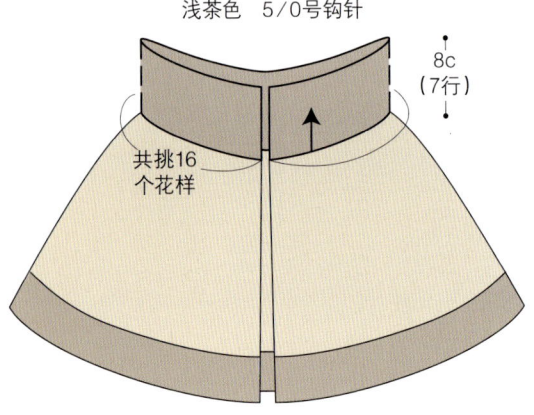

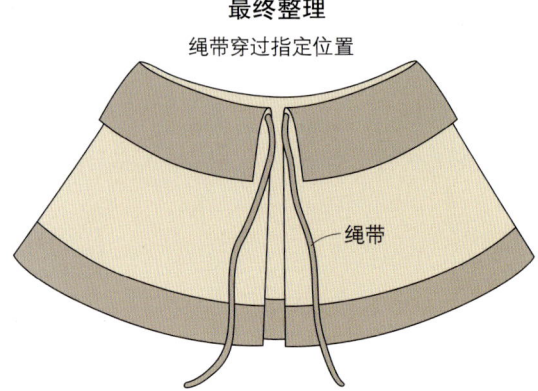

披肩的钩织方法

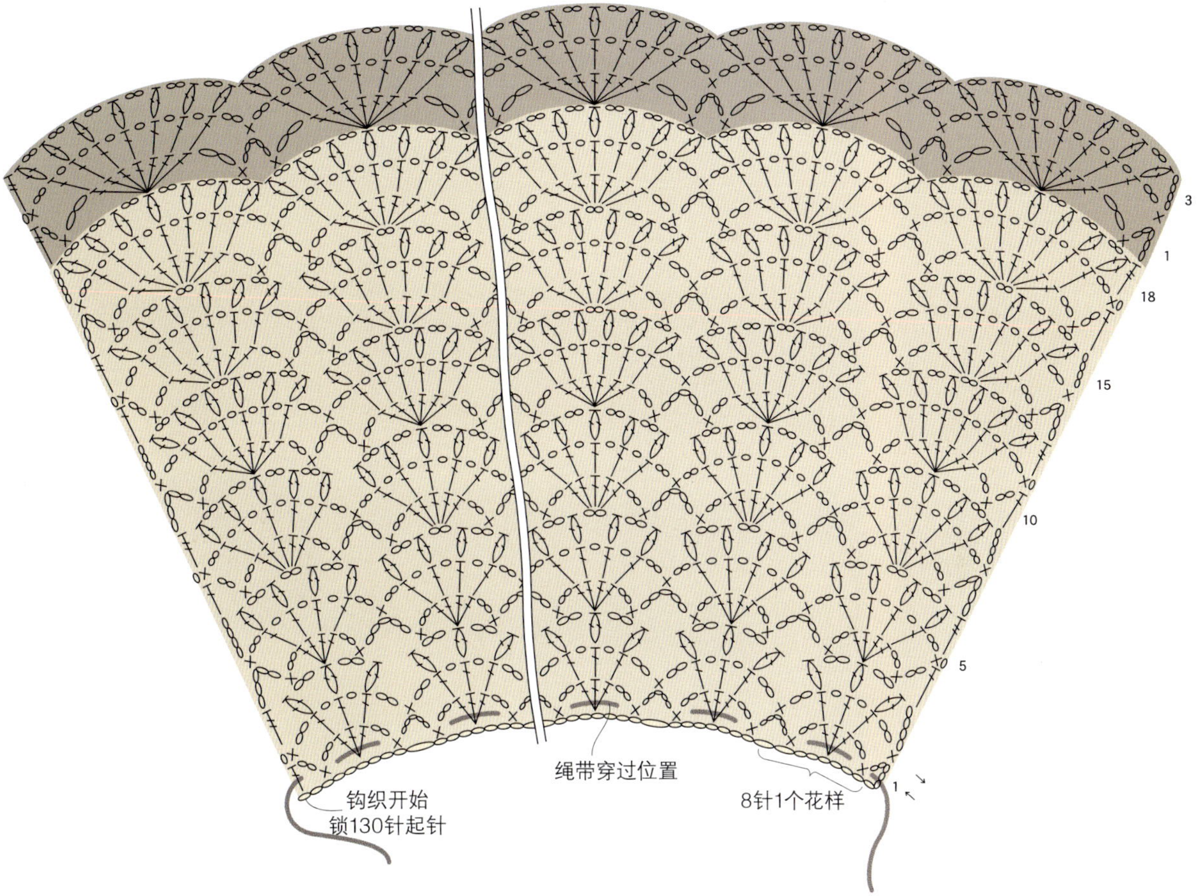

3
1
18
15
10
5
1
绳带穿过位置
8针1个花样
钩织开始
锁130针起针

领的钩织方法

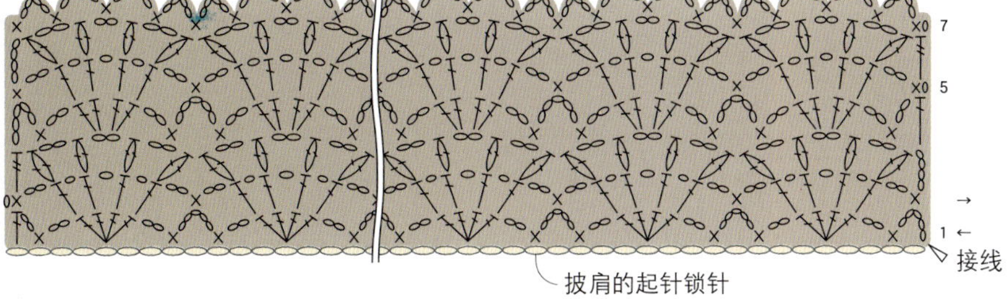

7
5
1
接线
披肩的起针锁针

※第1行面向披肩内侧钩织。

37页 No. 12

❋ 使用毛线
极粗毛线
黑灰色（7）225g

❋ 其他材料
纽扣（30mm）3颗
缝线（缝缀纽扣用）

❋ 工具
四季棒针 2根 10号
缝针（缝缀纽扣用）

❋ 编织密度（10cm）正方形
下针编织 14.5针 23行

❋ 成品尺寸
长34cm（含流苏）

❋ 制作方法
1. 一般起针法起针，进行上下针编织・下针编织，套收。
2. 装饰流苏，钉纽扣。

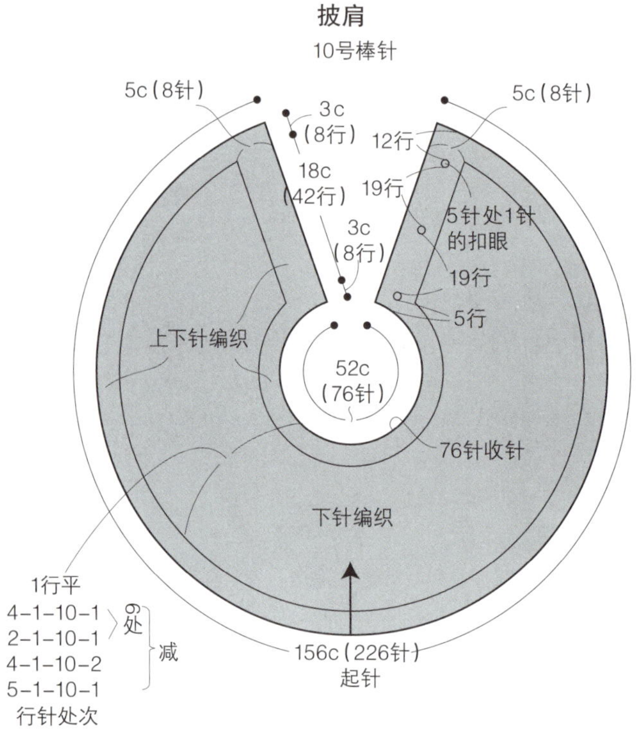

披肩
10号棒针

5c（8针） 3c（8行） 5c（8针）
12行
18c（42行） 19行
5针处1针的扣眼
3c（8行） 19行
上下针编织 52c（76针） 5行
76针收针
下针编织
156c（226针）起针

1行平
4-1-10-1
2-1-10-1   处减
4-1-10-2
5-1-10-1
行针处次

最终整理

10 c

钉纽扣

流苏
（26c×4根对折）
45穗

在指定位置装饰流苏

※流苏装饰方法参照P.9。

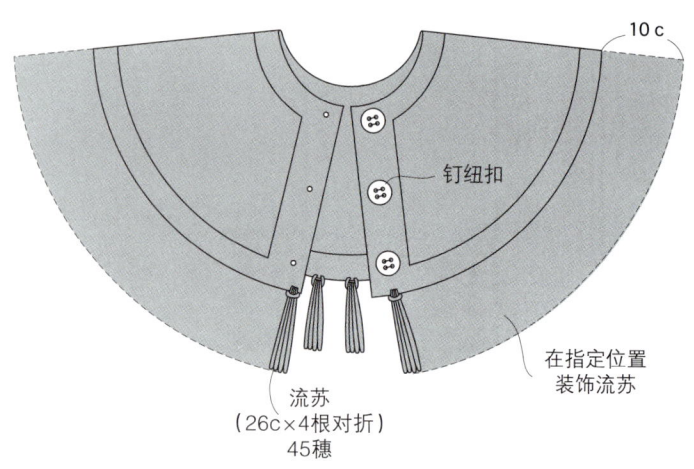

编织方法

● 流苏装饰位置
□ = ☐ 下针记号省略

套收

连续编织

重复

蓬松的毛线帽和短围巾

No. 13

No. 14

本季潮人时尚的贝蕾帽搭配短款围巾，
独特的纽扣装饰，简单易学的编织方法，
是不是让你心动呢？
让我们参照44页的照片解说立刻行动吧。

42页 No.13

* 使用毛线
  米色毛线（4）130g
* 工具
  四季环针 15号
  四季棒针 4根 8号
  暂休别针
* 编织密度（10cm）正方形
  上下针编织·花样编织 11针 24行

* 成品尺寸
  帽围44cm
  ※自然放置状态下的帽围尺寸。单螺纹编织横向有伸缩的弹力，戴帽子时可以拉伸。
* 制作方法
  1. 一般起针法起针，进行单螺纹编织·上下针编织·花样编织，套收。
  2. 缝合帽子顶部。

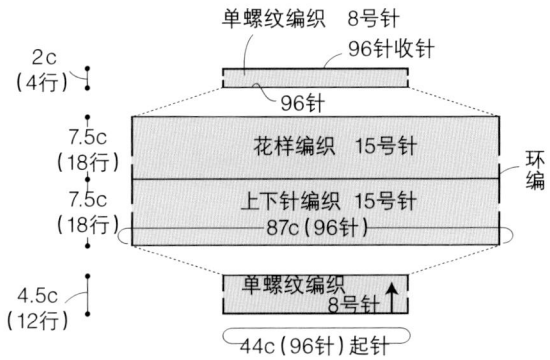

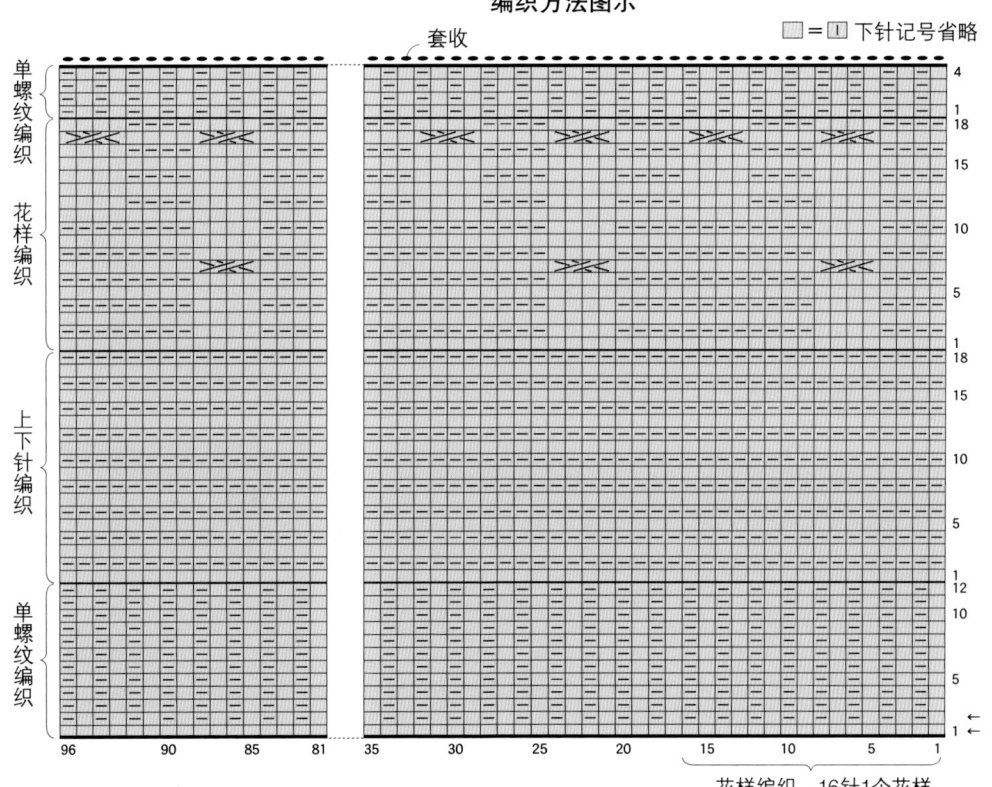

quatre saisons

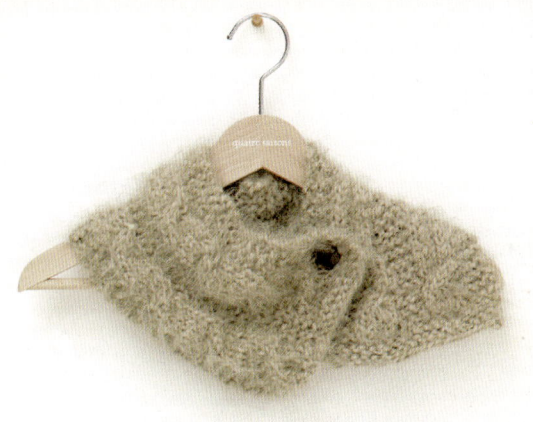

棒针钩织蓬松的毛线帽和短围巾

42页No.14的制作方法

使用毛线

米色毛线（4）75g

其他材料

纽扣（25mm）1颗

缝线（缝缀纽扣用）

工具

四季棒针2根 15号

暂休别针

缝针（缝缀纽扣用）

成品尺寸

宽16cm 长62cm

编织密度（10cm）正方形

花样编织 12.5针 19行

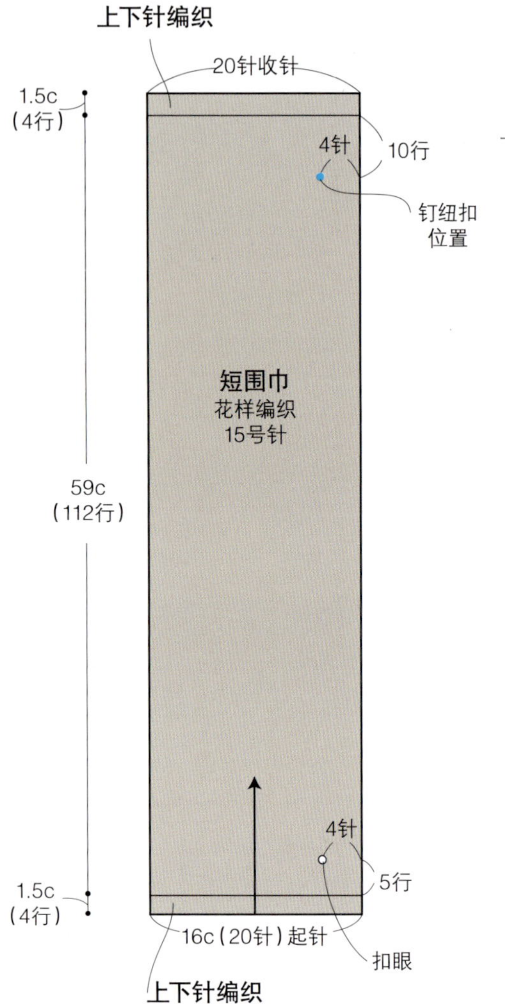

上下针编织
20针收针
1.5c
（4行）
4针
10行
钉纽扣
位置
短围巾
花样编织
15号针
59c
（112行）
4针
5行
1.5c
（4行）
16c（20针）起针
扣眼
上下针编织

短围巾的编织方法图示

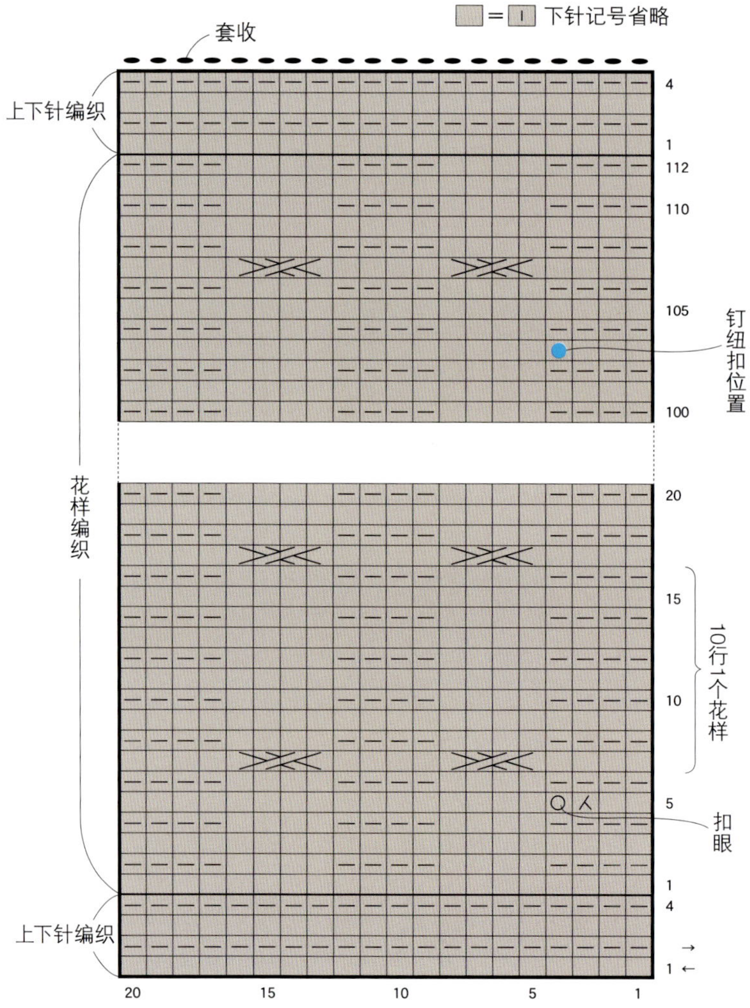

□ = Ⅰ 下针记号省略
套收
上下针编织
4
1
112
110
105
100
钉纽扣位置
花样编织
20
15
10
5
1
10行1个花样
扣眼
上下针编织
4
1
20
15
10
5
1

1 起针

❋ 一般起针法　　※起针成为第1行。

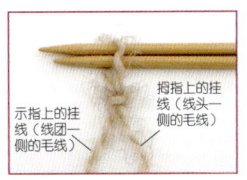  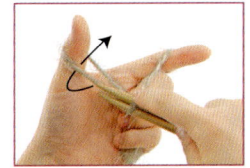 

1 线头一端预留出起针宽度的3~4倍长后作线环，然后从线环中拉出线头，在线圈中插入2根棒针。此为第一针。

2 在左手的示指和拇指上挂线，其余手指压住线。右手示指压住第1针。

3 如箭头所示棒针从拇指外侧线入针。

4 如箭头所示棒针从示指上的线外侧入针。

 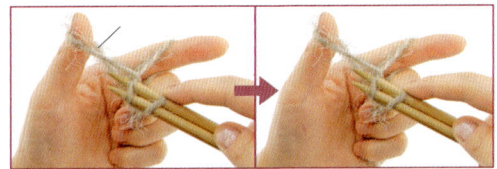

5 挂在示指上的线牵引至前端，从拇指上的线圈内抽出。

6 脱下挂在拇指上的线圈。

7 在拇指上脱下的线圈上，从内侧在拇指上挂经，拉紧毛线，完成2针。

8 重复步骤3~7，起20针，抽出1根棒针，起针作成1行。

2 上下针编织

编织偶数行时，将织片翻转过来，面向织片内侧编织。此时的操作方法与编织方法图示上的记号相反。

❋  下针

1 左手持挂线圈的棒针，右手持棒针开始编织。

2 毛线向远身侧放置，右棒针从近身侧向远身侧入针。

3 毛线从右棒针由下至上挂线，如箭头所示抽出毛线。

4 抽出的新毛线圈在右针上完成。

51

5 解开挂在左棒针上的线圈。完成1针下针编织。

6 相同方法第2行编织下针。

7 完成2行下针编织。

 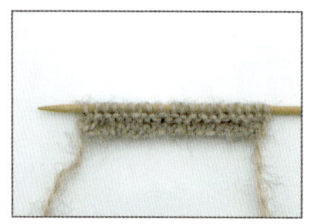 

8 相同方法编织第3行和第4行的下针。

9 完成4行下针编织。

3 花样编织

1 第1行全部为下针编织。

2 完成第1行。

3 第2行首先编织4针下针。

* ― 上针

4 毛线放在近身侧,右棒针从远身侧向近身侧入针。

5 毛线从右棒针由上至下挂线,如箭头所示抽出毛线。

6 抽出的新毛线圈在右棒针上完成。

7 解开挂在左棒针上的线圈。完成1针上针编织。

8 继续编织3针上针。

9 继续编织4针下针，4针上针，4针下针，第2行编织结束。

* ⟨人⟩ 左上2针并1针

10 第3·4行编织方法与第1·2行相同。

11 第5行先编织2针下针。

12 接下来的2针如箭头所示并为1针入针，编织下针。

* ⟨○⟩ 空针

13 完成〔左上2针并1针〕。

14 接下来右棒针挂线。这就是〔空针〕，预留做扣眼。

15 注意不要让空针从棒针上滑落，开始编织下针。

16 第5行剩余的针全部进行下针编织。

17 第6行的编织方法与第2行相同。

18 第7行首先编织4针下针。

*  左上2针交叉

19 接下来的2针挂在暂休别针上,远身侧暂时不做编织。

20 接下来的2针进行下针编织。

21 挂在暂休别针上的2针移到左棒针上。

22 移到左棒针上的2针按照顺序进行下针编织。

23 完成〔左上2针交叉〕。

24 接下来的4针进行下针编织。

25 继续按照顺序编织〔左上2针交叉〕、下针4针,第7行编织结束。

26 每10行编织一次〔左上2针交叉〕,奇数行全部为下针,偶数行与第2行相同,编织到第112行。

4 上下针编织

1 与 2 相同,4行全部为下针编织。

2 完成4行上下针编织。

5 套收收针

 套收

1 编织2针下针。

2 左棒针从第1针入针,盖住第2针。

3 重复步骤。〔编织1针,盖住前面的针〕。

6 线头处理

4 最后留约15cm的线头,穿过挂在钩针上的线圈,收紧。

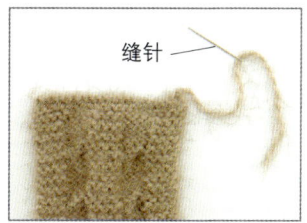

1 编织开始和编织结束时的线头穿在缝针上。

2 缝针穿过织片的内侧约4~5cm,剪掉多余的部分。

7 装针纽扣

3 用缝针和缝线将纽扣钉在指定位置。

4 成品。

晚宴上最亮丽的披肩

No.
15

点缀了无数银色的亮片,使这款披肩成为晚宴上的焦点。
像黑色的精灵,在神秘的夜空里短暂地停留。

银线帽和围巾

流行的元素,引领着时尚的风向
雪白色中泛出点点的光芒,
一场华丽的演出即将拉开序幕。

No.
16

No.
17

48页 No. 15

* **使用毛线**
黑色毛线（72）150g
* **工具**
四季钩针 10/0号
* **钩织密度（10cm）正方形**
花样钩织　15针　7行

* **成品尺寸**
衣长 39cm
* **制作方法**
1. 锁编起针，钩织披肩的花样。
2. 钩织绳带。

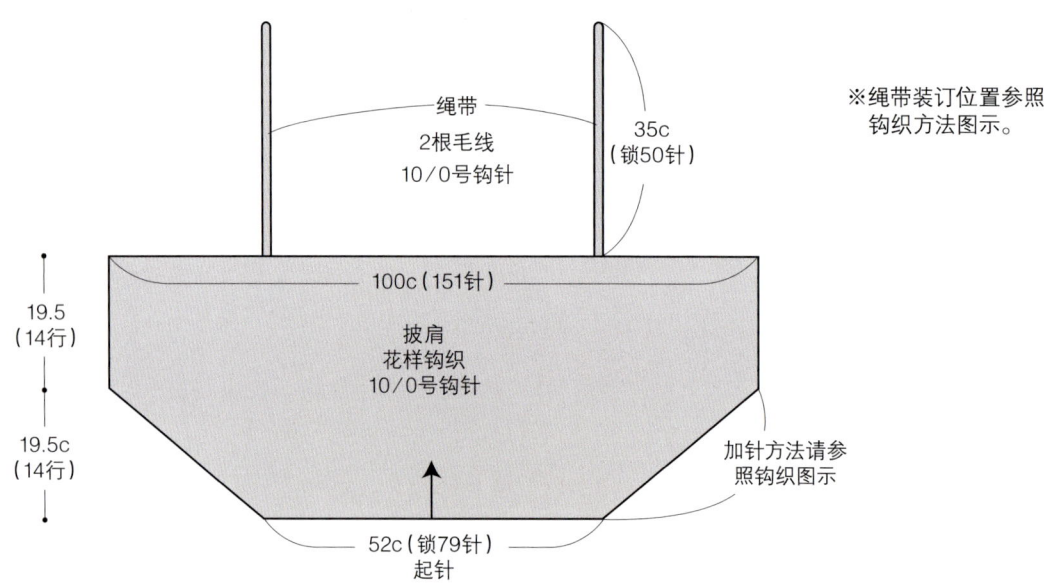

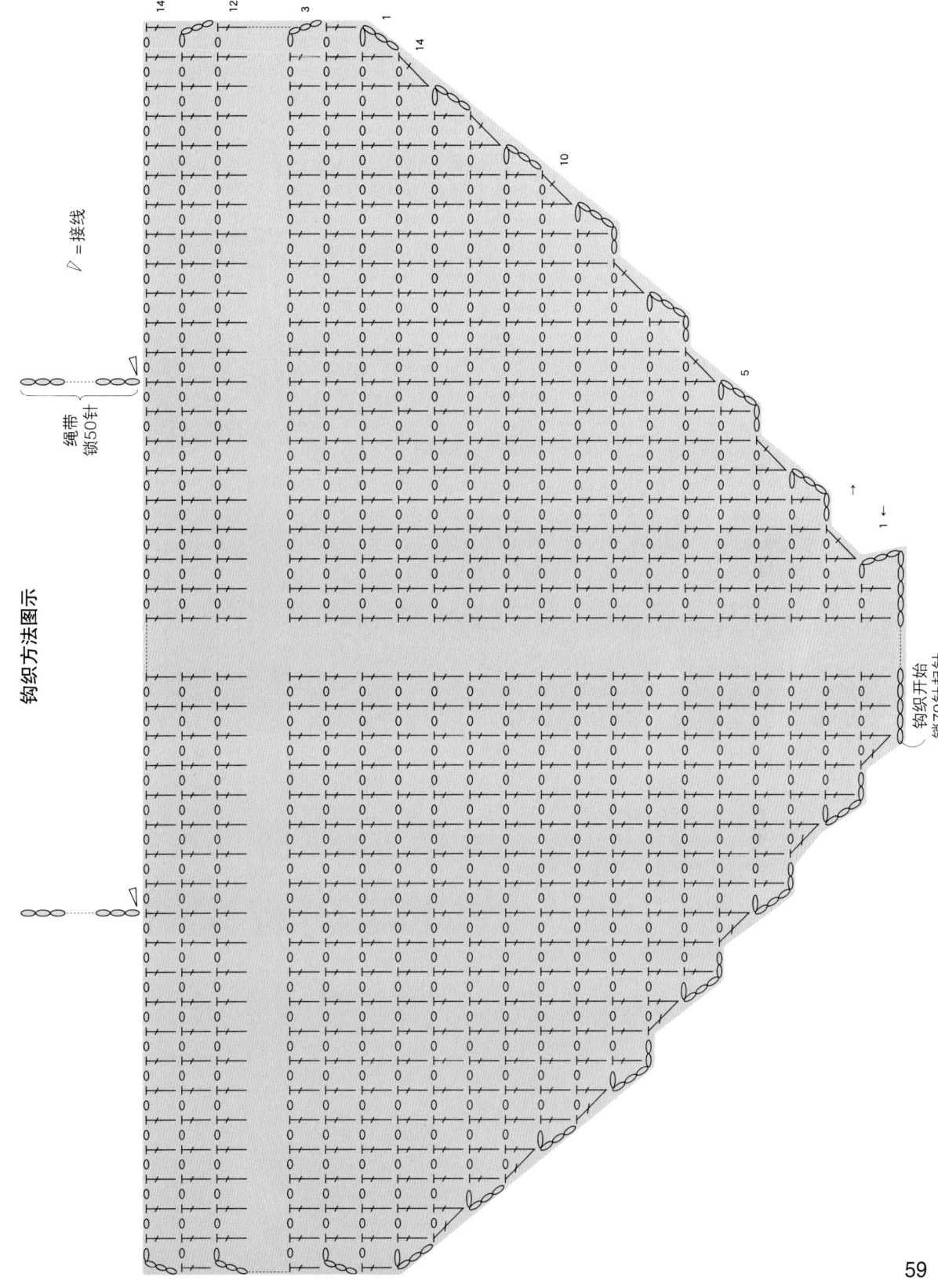

49页 No. 16

* 使用毛线
  白色（71）50g
* 工具
  四季钩针8/0号

* 钩织密度（10cm正方形）
  花样钩织 16针 8行
* 成品尺寸
  帽围 53cm
* 制作方法
  环编起针，进行花样钩织·短针钩织。

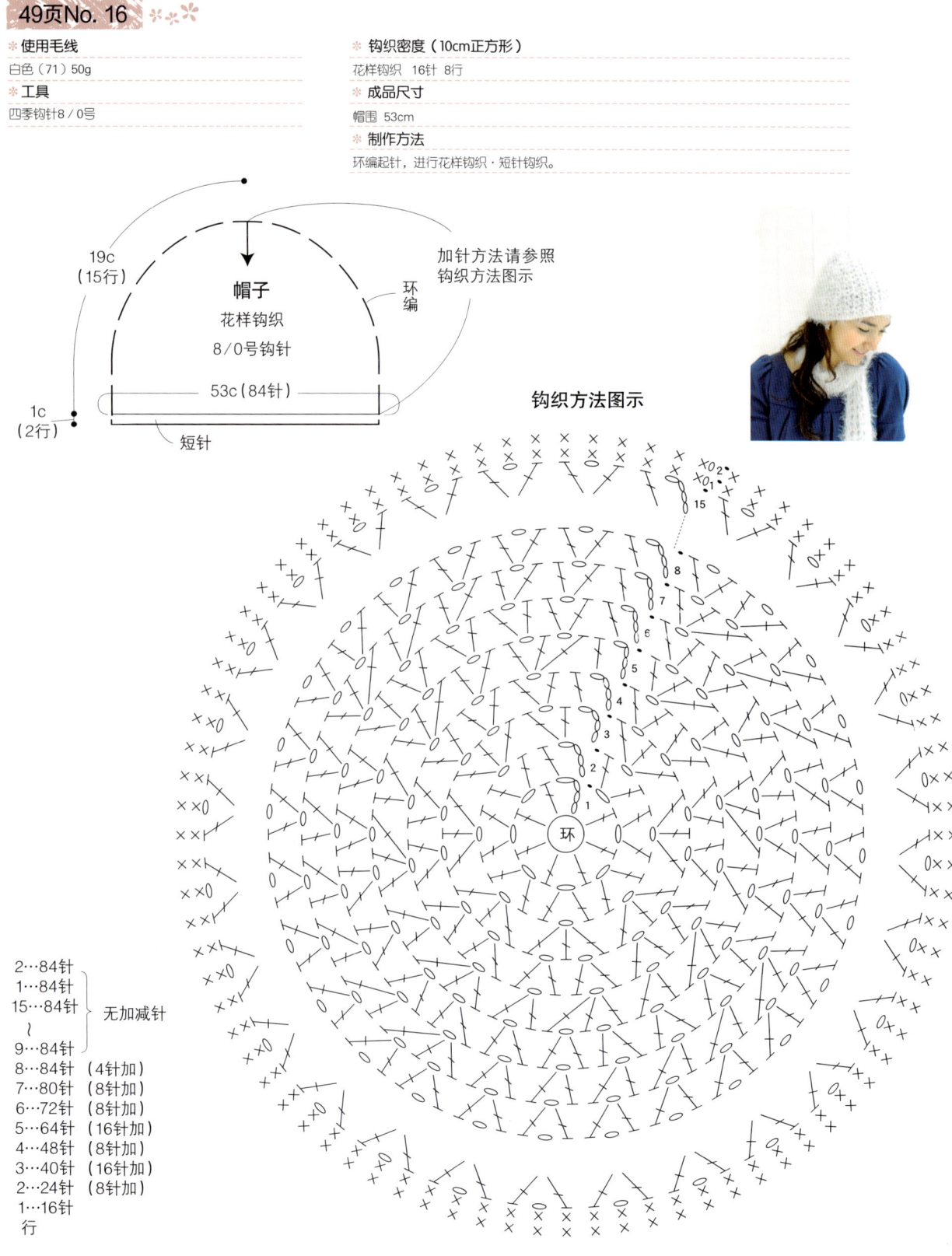

钩织方法图示

帽子
花样钩织
8/0号钩针

19c（15行）
1c（2行）
53c（84针）
短针
环编
加针方法请参照钩织方法图示

2…84针
1…84针
15…84针 无加减针
〜
9…84针
8…84针（4针加）
7…80针（8针加）
6…72针（8针加）
5…64针（16针加）
4…48针（8针加）
3…40针（16针加）
2…24针（8针加）
1…16针
行

49页 No.17

* **使用毛线**
  白色毛线（71）70g
* **工具**
  四季钩针 8/0号
* **钩织密度（10cm）正方形**
  花样钩织 19针 6行

* **成品尺寸**
  宽11cm 长142cm
* **制作方法**
  1. 锁编起针，钩织围巾的花样。
  2. 流苏饰边。

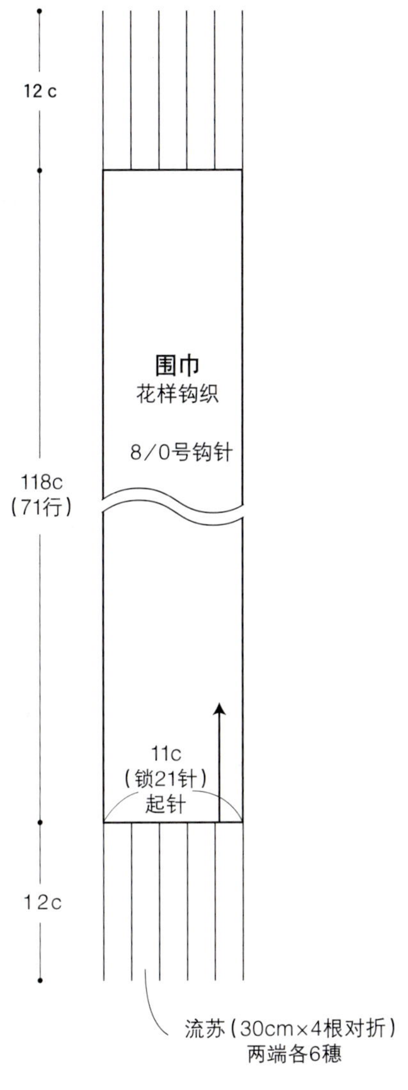

钩织方法图示

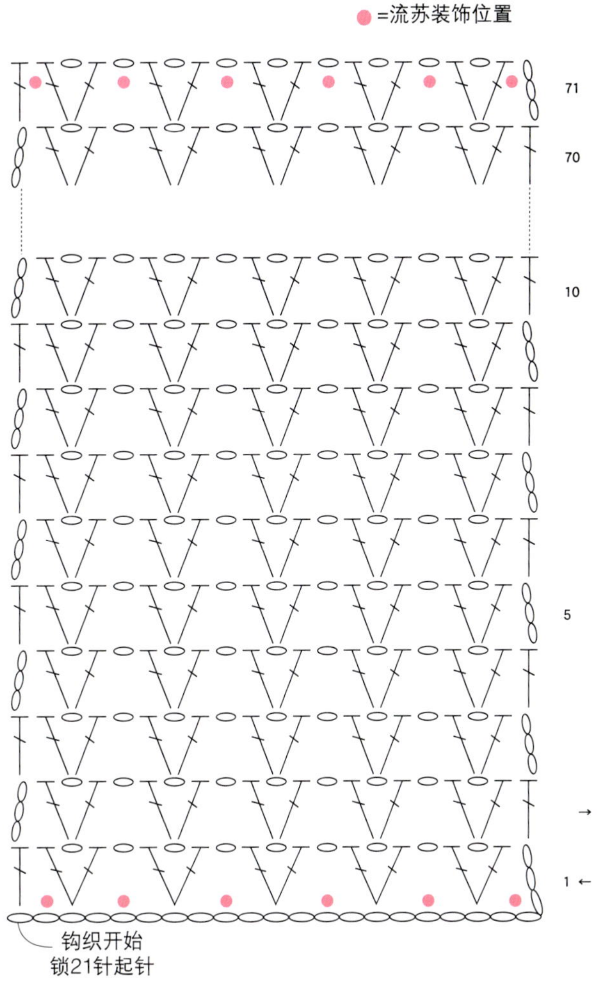

● =流苏装饰位置

围巾
花样钩织
8/0号钩针

12c
118c（71行）
12c

11c（锁21针）起针

流苏（30cm×4根对折）
两端各6穗

钩织开始
锁21针起针

钩针钩织蓬松
彩色长方披肩

马海毛的蓬松材质，绚丽多彩的段染颜色，弹奏出这个冬季最绝妙的旋律。

No.
18

54页 No. 18

❋ 使用毛线
橙色·紫色系段染毛线（24）110g

❋ 工具
四季钩针6/0号

❋ 钩织密度
花样钩织 3个花样=10.5cm 14行=10cm

❋ 成品尺寸
宽21cm 长150.5cm

❋ 制作方法
1. 锁编起针，钩织披肩一半的花样。
2. 从起针处挑针，向相反的方向钩织披肩的另一半花样。

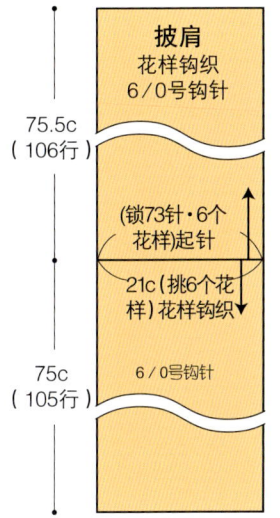

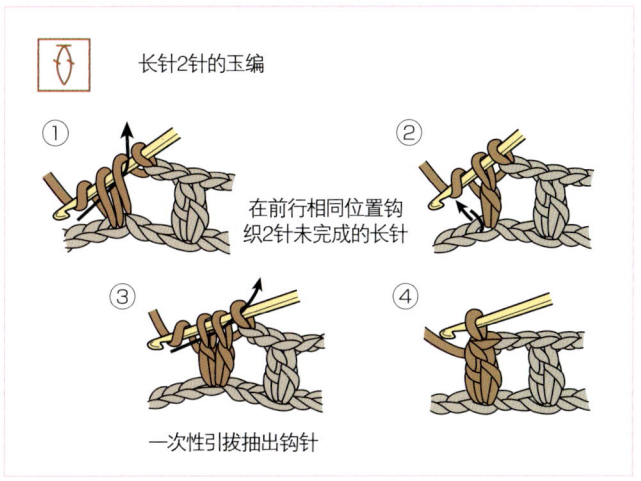

长针2针的玉编

①
② 在前行相同位置钩织2针未完成的长针
③
④

一次性引拔抽出钩针

钩织方法图法 1个花样

No.
19

No.
20

饰花风帽和提包

休闲风的饰花风帽搭配同款提包。
木质感的纽扣沉淀着岁月的痕迹。
质朴的颜色流露出贵族的气质。

56页 No. 19

* **使用毛线**
  浅茶色毛线（112）90g
* **其他材料**
  纽扣（20mm）1颗
  缝线（缝缀纽扣用）
* **工具**
  四季钩针6/0号
  缝针（缝缀纽扣用）

* **钩织密度**
  花样钩织 18针 19.5行
* **成品尺寸**
  帽围 53cm
* **制作方法**
  1. 环编起针，进行短针·长针·花样的钩织。
  2. 钩织花样A·B，制作饰花缝缀在帽子上。

帽子
6/0号钩针

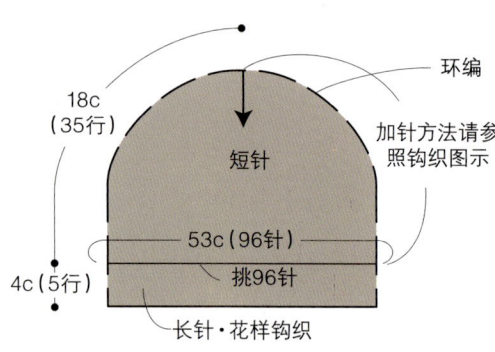

18c（35行）
4c（5行）
53c（96针）
挑96针
短针
环编
加针方法请参照钩织图示
长针·花样钩织

5…95针
～
1…95针 无加减针
35…96针
～
17…96针
16…96针
15…90针
14…84针
13…78针
12…72针
11…66针
10…60针   每行加6针
9…54针
8…48针
7…42针
6…36针
5…30针
4…24针
3…18针
2…12针
1…6针
行

最终整理

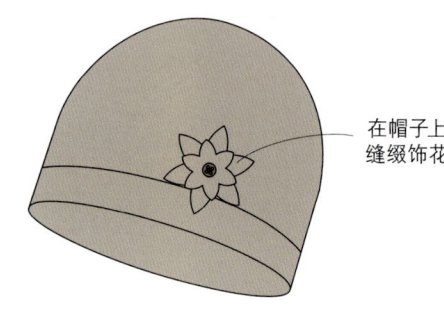

在帽子上缝缀饰花

花形A的钩织方法
6/0号钩针

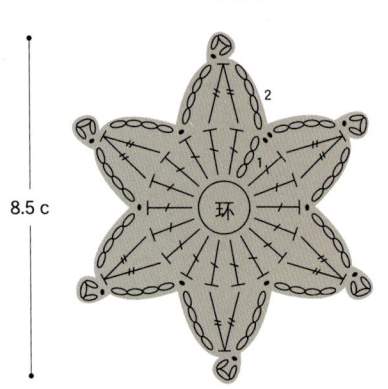

8.5c

花形B的钩织方法
6/0号钩针

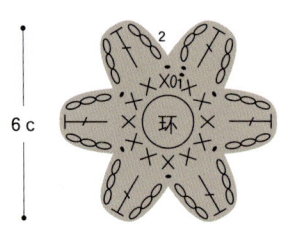

6c

饰花的制作

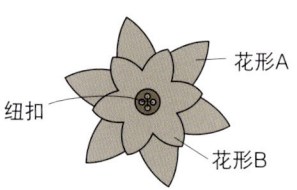

花形A
纽扣
花形B

花形B叠放在花形A上，中心为纽扣，一起用缝线缝缀固定。

帽子的钩织方法图示

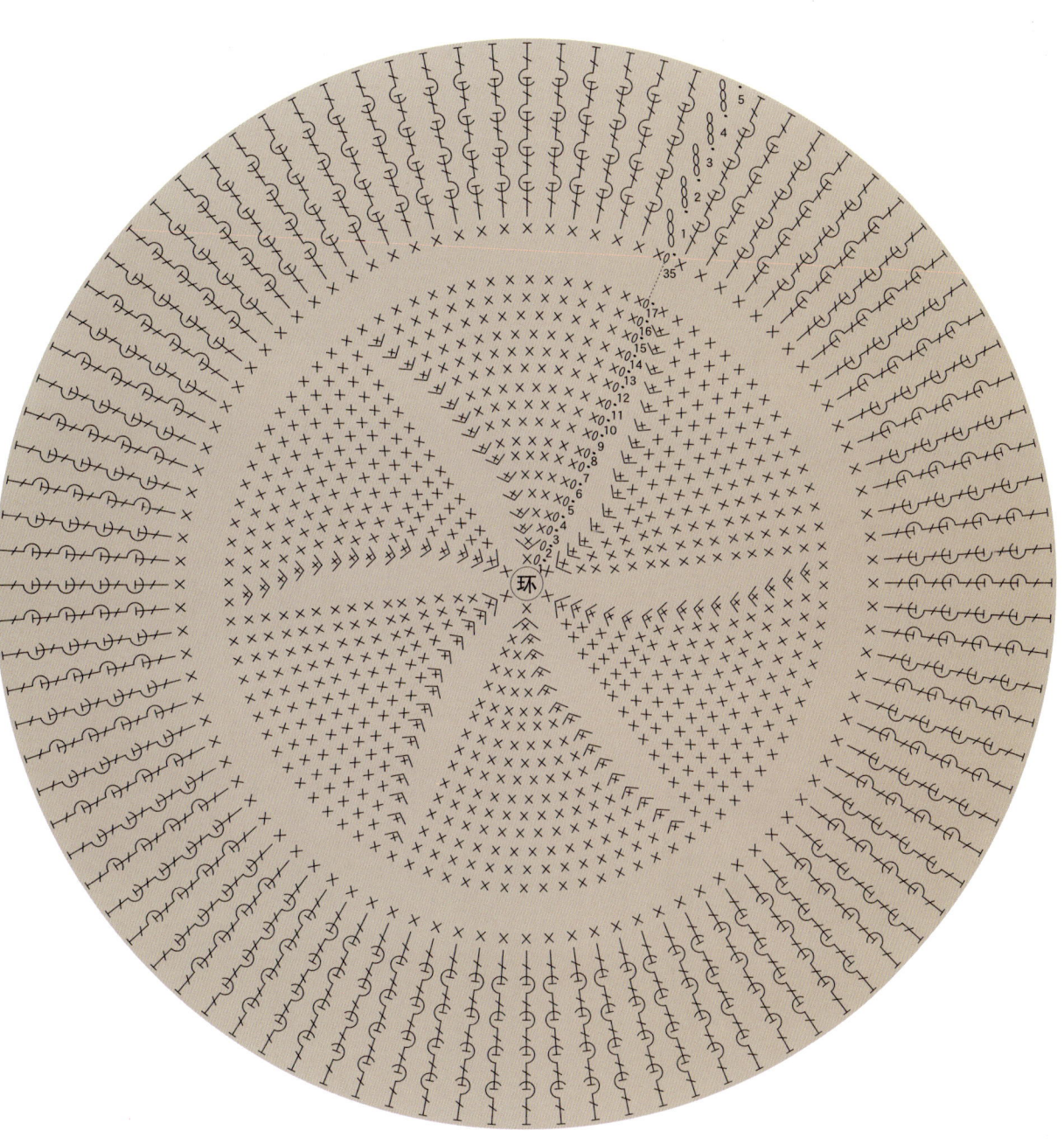

56页 No. 20

❈ 使用毛线
浅茶色毛线（112）130g

❈ 其他材料
皮革拎手（3孔·L·茶色）1对
皮革绳带（软皮革·2mm×50cm·茶色）
纽扣（20mm）1颗
缝线

❈ 工具
四季钩针6/0号
缝针

❈ 钩织密度（10cm）正方形
短针 18针 21行

❈ 成品尺寸
包口35cm 深22.5cm

❈ 制作方法
1. 锁编起针，环编钩织短针·长针·花样。
2. 在提包上装饰皮革拎手和皮革绳带。
3. 钩织花形A、B，制作饰花，装饰在提包上。

提包
6/0号钩针

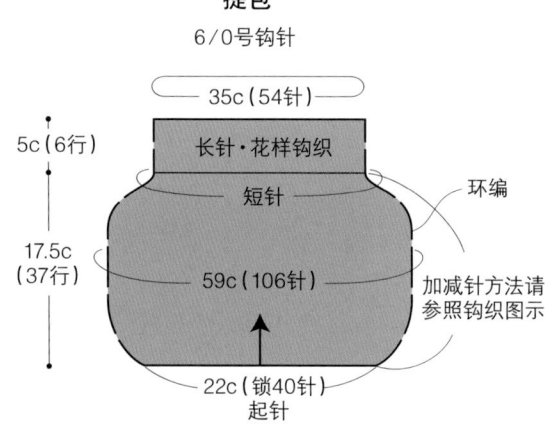

花形A的钩织方法图示
6/0号钩针

花形B的钩织方法图示
6/0号钩针

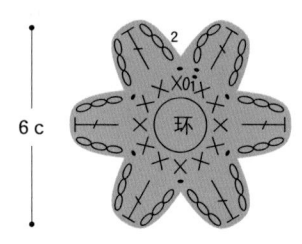

最终整理

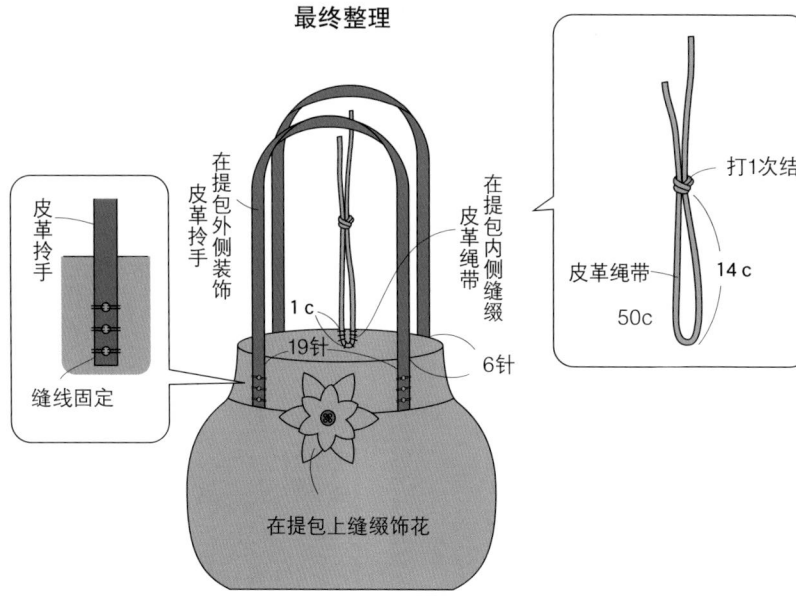

饰花的制作

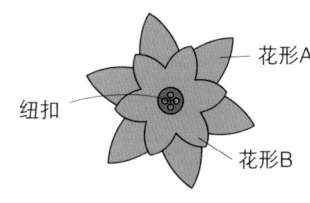

花形B叠放在花形A上，一起用缝线缝缀固定。

提包的钩织方法图示

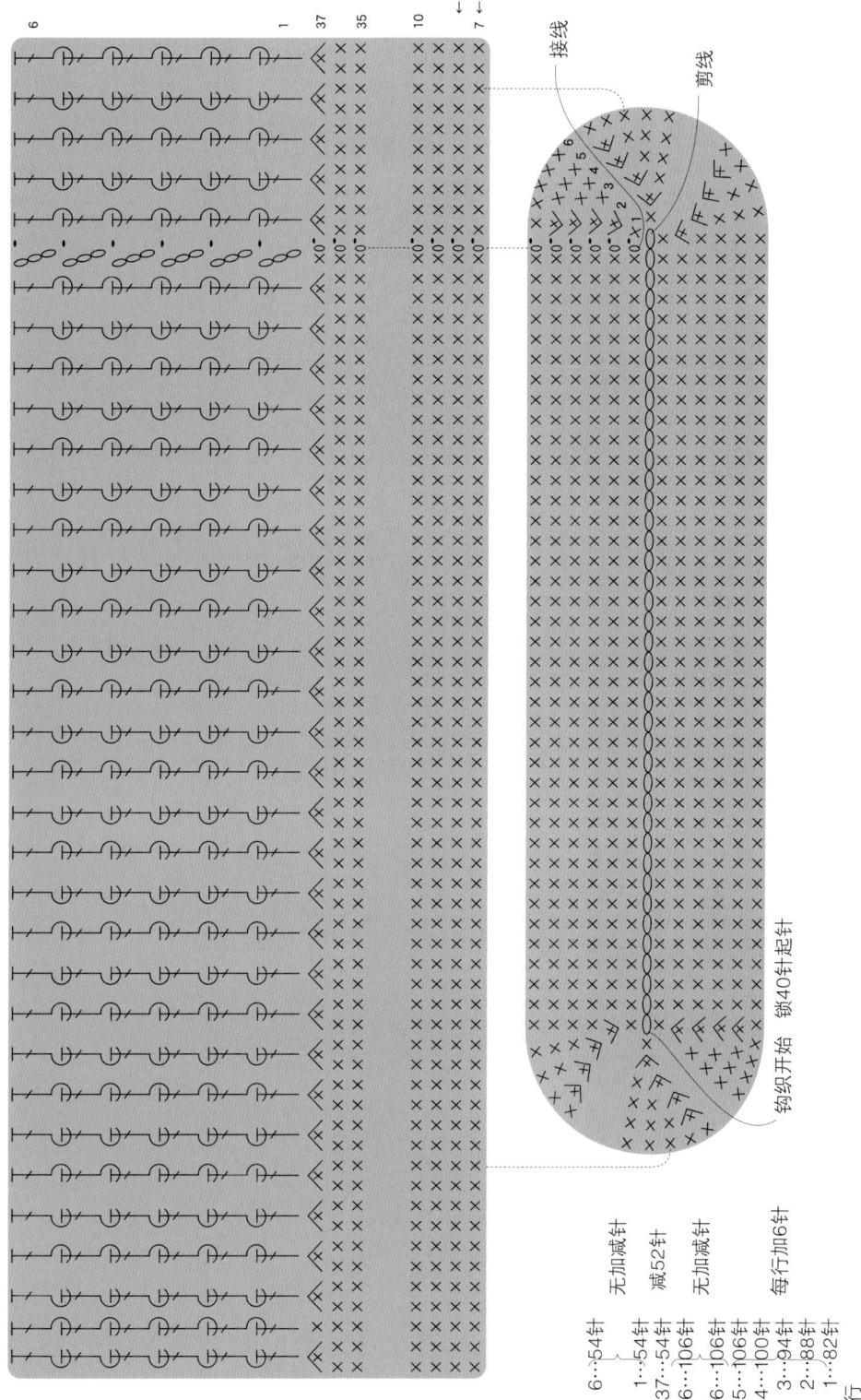

6…54针　无加减针
1…54针
37…54针　减52针
36…106针
6…106针　无加减针
4…100针
3…94针　每行加6针
2…88针
1…82针
行

69

棒针和钩针编织的
情趣围巾

No. 21

咖啡色和乳白色的经典组合。
融入不同的编织技巧。
成熟、稳重中透出女性的柔美
和可爱。

大花形饰边围巾

No.
22

❄❄❄

温暖的渐变橙色系列,是这个寒冷冬季的首选。
淑女风范的设计,搭配一款硬朗的大衣。
让你在这个季节引领最新鲜的一抹明媚。

63页 No. 22

* **使用毛线**
  橙色系段染毛线（3）280g
* **工具**
  四季钩针6/0号
* **钩织密度（10cm）正方形**
  长针 19针 7.5行
* **成品尺寸**
  宽22.5cm 长198cm

* **制作方法**
1. 锁编起针，钩织长针。
2. 环编起针，钩织6枚花形。
3. 每3枚花形卷缝。
4. 围巾钩织开始和结束的位置各卷缝3枚花形。
5. 从花形处挑针，钩织缘编。

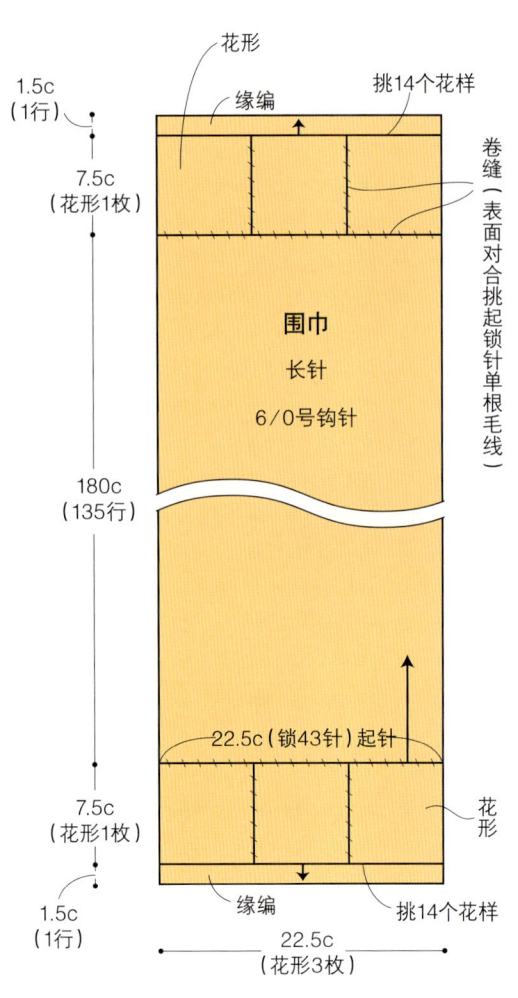

花形的钩织钩织方法图示（6枚）

6/0号钩针

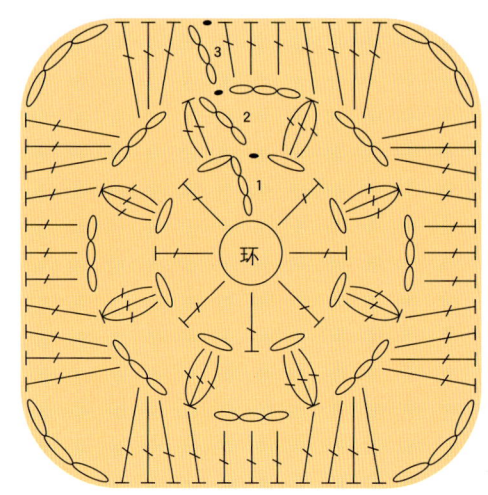

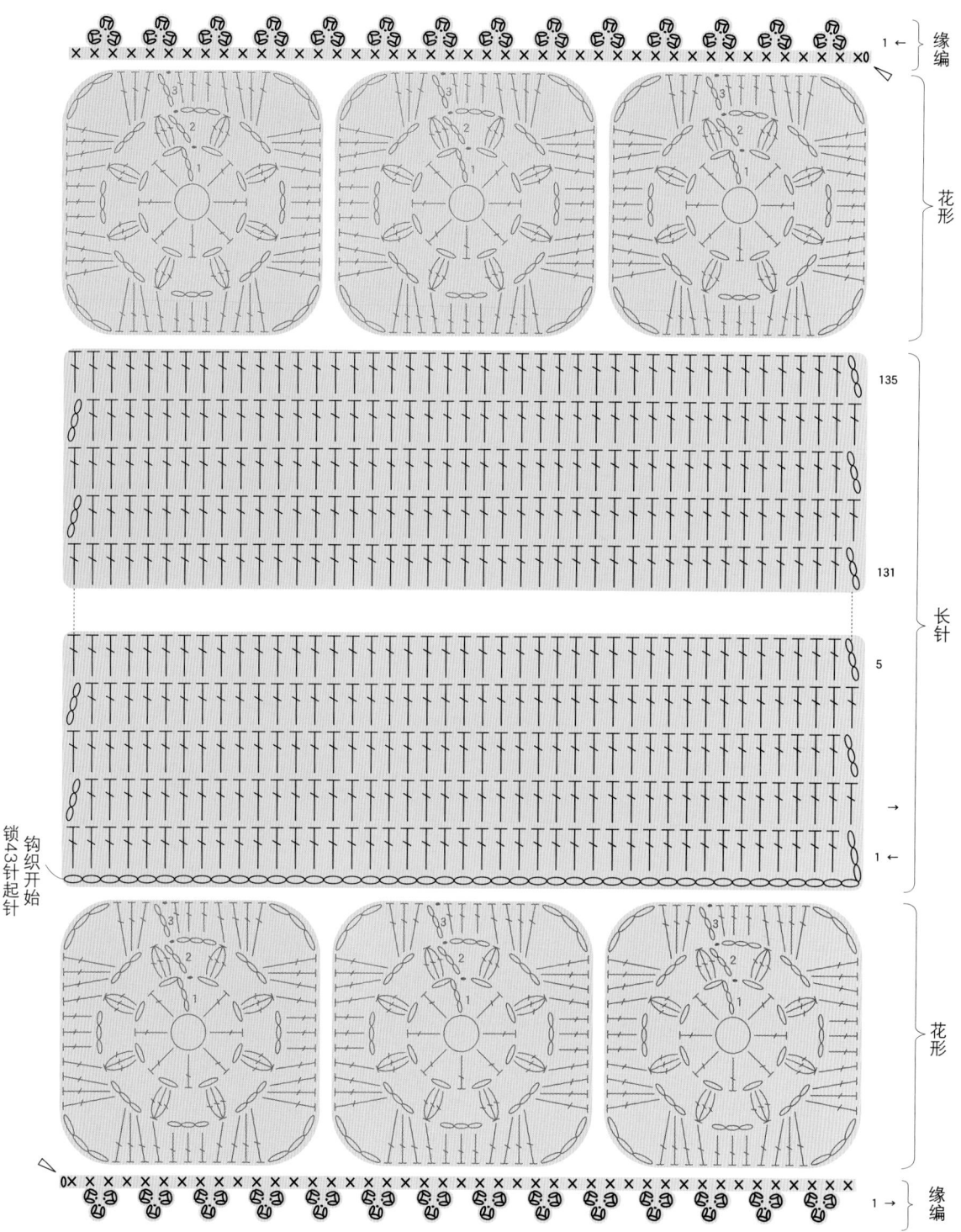

小花流苏饰边围巾

No.
23

No.
24

浓淡相宜的颜色渐变，柔软蓬松的马海毛线材。
流苏边的小花设计。
仿佛在邀请春天的到来。

66页 No. 24

❋ **使用毛线**
No.1 23 粉色段染毛线（23）70g
No.2 24 米色系段染毛线（21）70g

❋ **工具**
四季棒针 2根 6号
四季钩针 6/0号

❋ **编织密度（10cm）正方形**
花样编织 21针 27行

❋ **成品尺寸**
宽15.5cm 长174cm

❋ **制作方法**
1. 一般起针法起针，编织围巾的花样，套收。
2. 在编织开始和编织结束位置装饰流苏饰边。

钩织方法图示

※流苏长度变化如图所示。流苏端部全部装饰1枚相同花形。

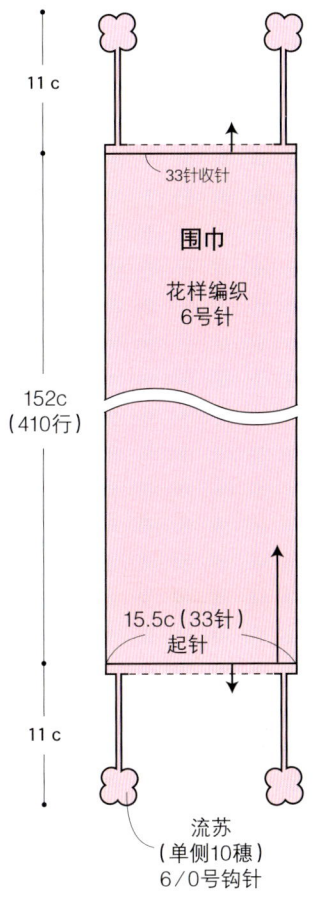

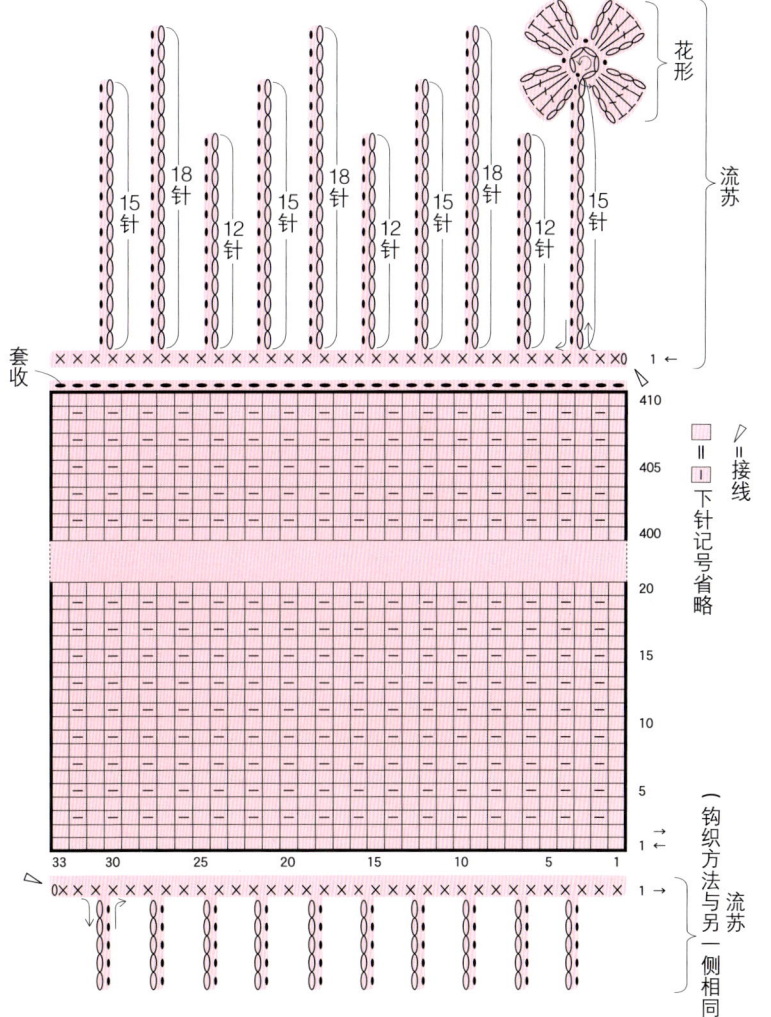

29页 No. 9

* **使用毛线**
  白色毛线（1）180g
* **工具**
  四季棒针 2根 15号
* **编织密度（10cm）正方形**
  下针编织·上针编织 10针 14.5行
* **成品尺寸**
  背肩宽33cm 衣长30cm
* **制作方法**
  一般起针法起针，进行背心的下针·上针编织。编织过程中制作2处袖口，编织结束套收。

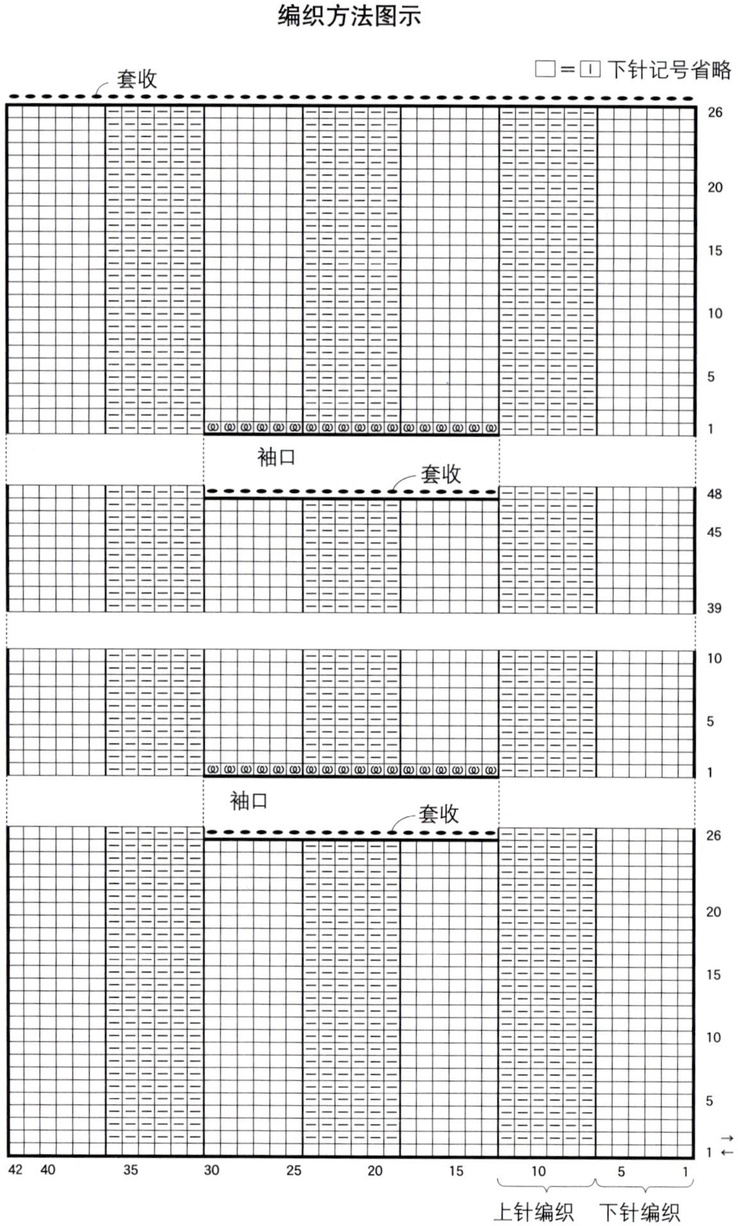

背心　15号棒针

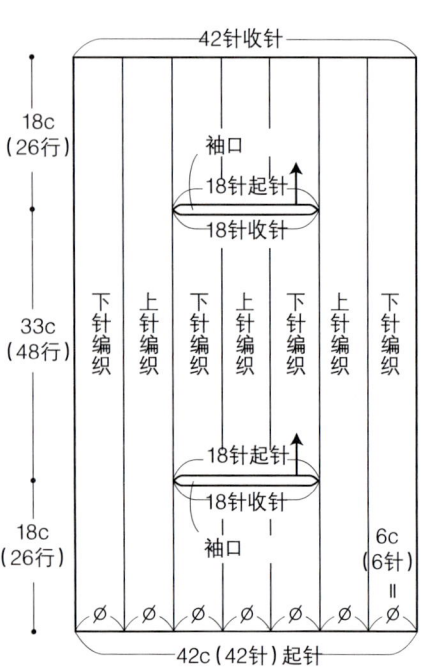

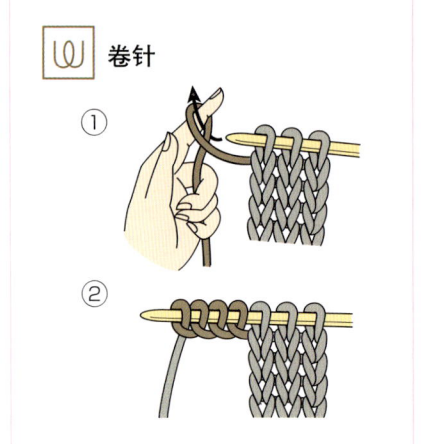
卷针

编织方法图示

□ = ① 下针记号省略

上针编织　下针编织

62页 No. 21

❋ **使用毛线**
米色系段染毛线（1）130g

❋ **工具**
四季棒针 2根 7号
四季钩针 6/0号

❋ **编织密度（10cm）正方形**
花样编织A 22针 24.5行

❋ **成品尺寸**
宽16cm 长173.5cm

❋ **制作方法**
1. 一般起针法起针，进行上下针编织·花样编织A，套收。
2. 在编织开始和编织结束位置挑针钩织花样B。

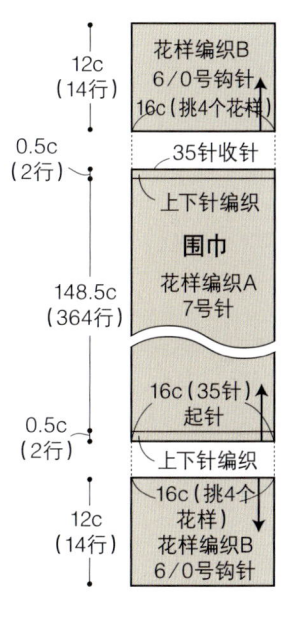

钩织方法图示

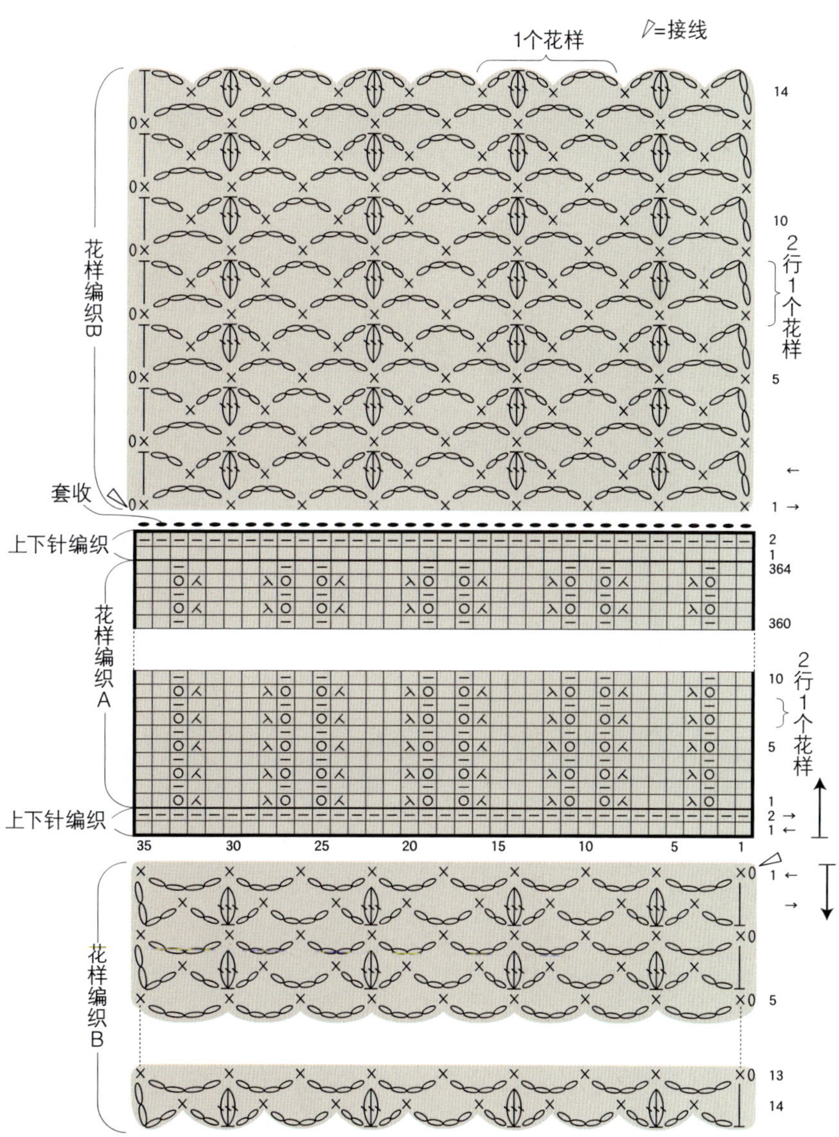

□ = ① 下针记号省略
▽ = 接线

1个花样

花样编织B

套收

上下针编织

花样编织A

上下针编织

花样编织B

围巾

花样编织A 7号针
148.5c (364行)

12c (14行)
16c (挑4个花样)
花样编织B 6/0号钩针

0.5c (2行)
35针收针

0.5c (2行)
16c (35针) 起针

12c (14行)
16c (挑4个花样)
花样编织B 6/0号钩针

2行 1个花样

基础针法
～ 准备编织 ～

* **编织图纸的看法**

略语
c=cm
起=起针
加=加针
减=减针
留=留针
平=不加减针编织

帽子

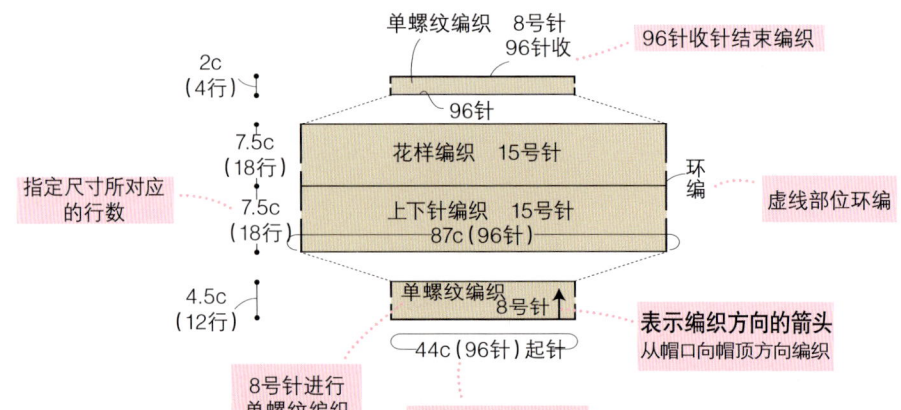

* **钩针的钩织方法图示**

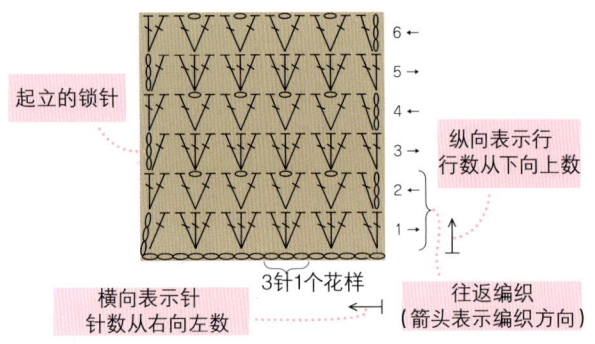

* **棒针的编织方法图示**

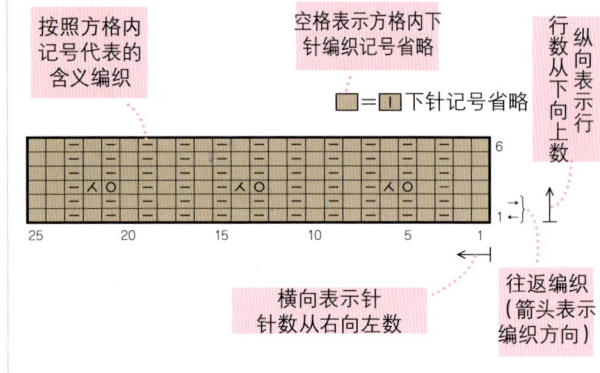

* **编织密度**

〔编织密度〕表示10cm正方形织物的针数和行数的密度。由于编织者的不同会有所变化，使用本书提供的毛线·编织工具也可能出现编织密度不同的情况。因此，在开始编织之前，应按照个人编织习惯测量自己的编织密度。

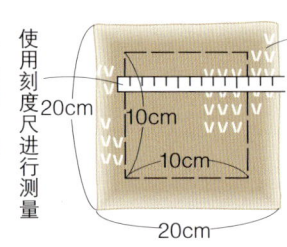

编织开始之前进行测试性编织

因织片接近边缘位置针眼大小不规则，测试性织片的编织大小为20cm正方形

使用熨斗低温熨烫保证织片的平整性。

测量织片中央10cm正方形的针数·行数。

※根据本书提供的编织密度，如果测试织片的针数·行数较多（针数密集），可选择改换粗针，如果针数·行数较少（针数宽松），可选择改换细针。

～ 钩针钩织基础针法 ～

✽ 环编和往返钩织

环编 一般面向织片表侧，每行朝相同方向钩织。

从中心开始钩织

环编起针，由中心向外侧开始钩织。一般面向织片表侧逆时针方向钩织。

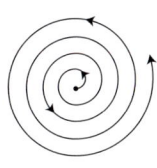

筒状钩织

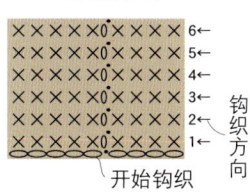

锁编起针，每钩织完1行，引拔针钩织本行开始时的针，形成环状。呈螺旋形钩织。

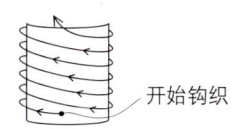

往返钩织 每钩织完1行，将织片换手，交替面向织片表侧和里侧进行钩织的方法。

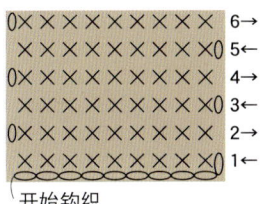

每1行交替面向织片表侧和里侧，按照箭头所示方向进行钩织。（箭头向左时面向织片表侧，箭头向右时面向织片里侧钩织）。

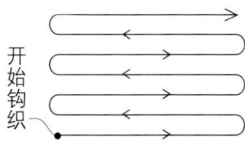

✽ 起针

本书起针方法分为〔锁编起针〕、〔环编起针〕2种方法。

环编起针法 …参照P.6

锁编起针法

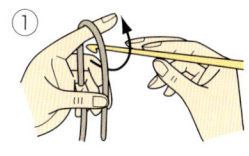

① 钩针放在远身侧，如箭头所示方向旋转1周。

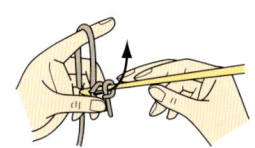

② 毛线卷绕在钩针上。左手按住卷绕在钩针上的线根部，挂线引拔抽出。

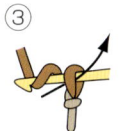

③ 挂线引拔抽出钩针。

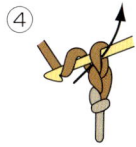

④ 重复前一步骤。

✽ 钩织记号

 锁针 …参照P.6

 短针 …参照P.7

 短针2针并1针 …参照P.8

 长针 …参照P.6

 长长针 …参照P.33

 长针2针的玉编 …参照P.55

引拔针

① 如箭头所示方向入针。
② 一次引拔抽出钩针。

结粒针

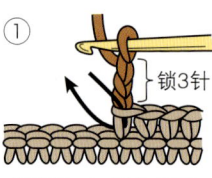
① 锁3针,如箭头所示方向入针。

② 一次引拔抽出钩针。

③

1针分2针短针

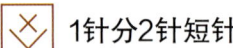

① 钩织1针短针。
② 在相同位置再钩织1针短针。
③

逆短针

① ② ③ ④ ⑤

中长针

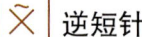
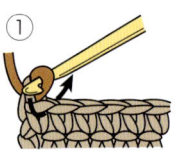
① 起立的2针锁针 / 基础针
②
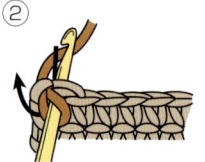
③
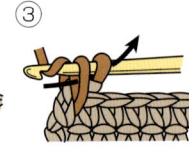
④

长针3针的玉编

※〔未完成〕代表再钩织1次引拔针,(短针或者长针)就完成的状态。

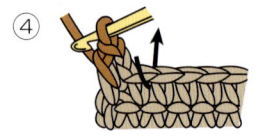
① ② 在与前1针相同位置入针钩织未完成的3针长针。

③ ④ 一次引拔抽出钩针

1针分2针长针

① 钩织1针长针。
② 在相同位置再钩织1针长针。
③

※ 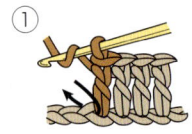   三图相同均为钩织长针 分别钩织3针·5针·6针。

长针2针并1针

① 钩织2针未完成的长针。

② 一次引拔抽出钩针

③

※ 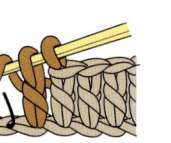 钩织2针未完成的长长针,一次引拔抽出钩针

外钩变形长针

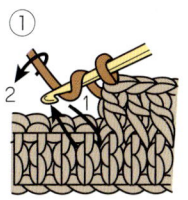
① 如箭头所示方向入针，挂线，抽出钩针。

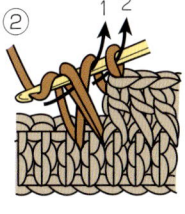
② 钩织长针。

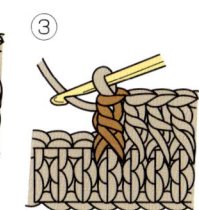
③

内钩变形长针

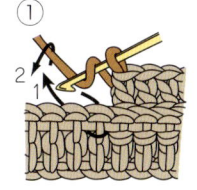
① 如箭头所示方向入针 挂线，引拔抽出。

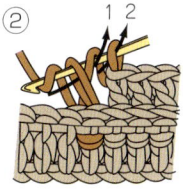
② 钩织长针。

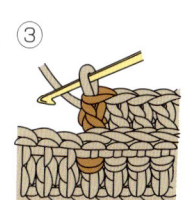
③

※ 缝合·拼接

锁针和引拔针缝合

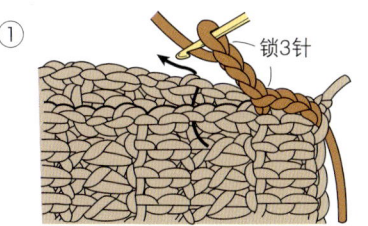
① 将2枚织片外侧对合，如箭头所示方向行对行一起钩织引拔针。连续锁3针钩织1针引拔针。

② 重复步骤①

引拔针缝合

钩针挑起针线圈上部锁针，钩织引拔针。

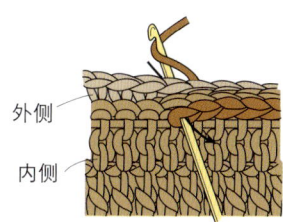

卷缝 缝针挑起针线圈上的锁针。

织片外侧对合挑起1针锁针的方法

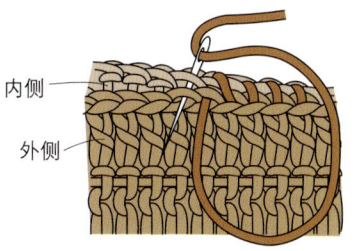

织片外侧对合挑起2针锁针的方法

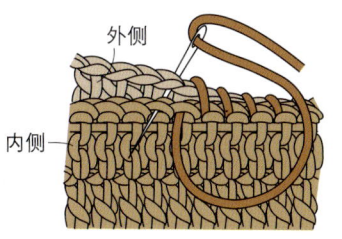

※ 花形最终行的连接方法

引拔针连接的方法

先解开钩针上的线圈，从相邻的花形外侧入针，将毛线引拔抽出。

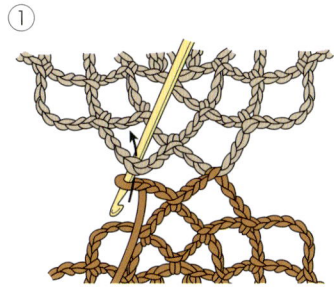
①

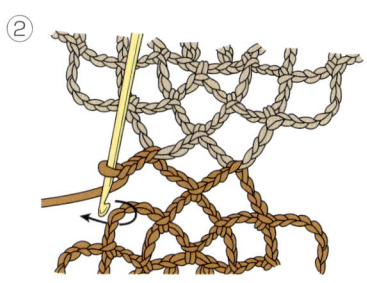
②

※ 成束挑针

如箭头所示方向入针，将锁编作为1束进行挑针称为[成束挑针。]

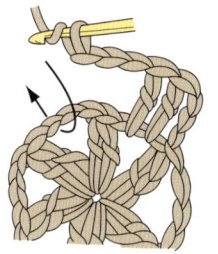

81

～ 棒针编织基础针法 ～

✲ 往返编织和环编

往返编织 2根棒针从织片一端向另一端，每1行交替面向织片外侧和内侧进行编织。

编织方法 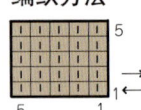 箭头所示方向每行相反。

环编 4根棒针中的3根（或者环针）将织片分为3个部分，用余下的棒针面向织片外侧成筒状进行编织。

编织方法 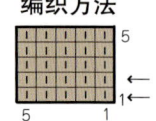 箭头所示方向每行相同。

✲ 棒针编织的织片基本种类

棒针编织有很多种方法，本书介绍几种常用方法仅供参考。

下针编织

编织方法 织片

下针编织为棒针编织基本方法。往返编织时，下针和上针每1行交替进行。环编时，连续编织下针。

上下针编织

编织方法 织片

下针和上针每1行交替进行编织的织片，在往返编织时，每行进行下针编织。与下针编织相比，横向和纵向具有伸缩性。

单螺纹编织

编织方法 织片
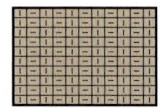 

下针和上针按照纵向每针交替进行。这种织片左右具有伸缩性。

✲ 起针

一般起针法 …参照P.45

✲ 编织记号

| 下针 …参照P.45 | 左上2针并1针 …参照P.46 | 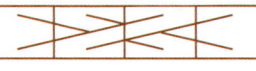 左上2针交叉 …参照P.46 |

| — 上针 …参照P.46 | ○ 空针 …参照P.46 |

 右上2针并1针

① 编织下针
② 盖住 不进行编织，线圈移到右棒针
③

 左斜针

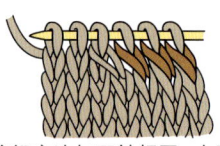

编织方法与下针相同，由于左侧针数减少，右侧针线圈自然向左侧倾斜。这种向左侧倾斜的针称为左斜针。

 右斜针

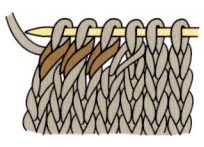

编织方法与下针相同，由于右侧针数减少，左侧针线圈自然向右侧倾斜。这种向右侧倾斜的针称为右斜针。

※ 收针

 套收 …参照P.47

※ 缝合

缝针缝合 分别挑起下针线圈的内侧进行缝合。

① 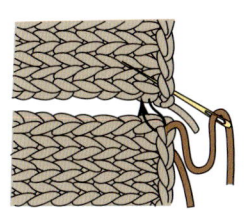   ② 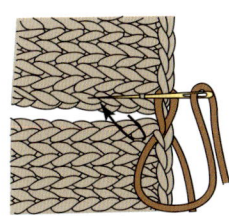   ③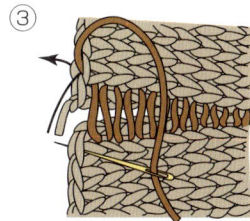

～ 其他针法技巧 ～

※ 手工缝制技巧

绕缝 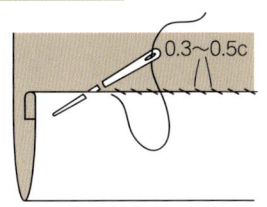   折返缝 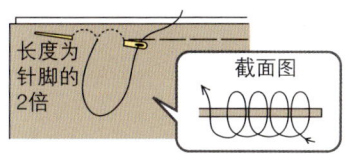   卷缝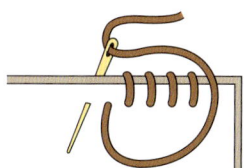

※ 熨斗熨烫的方法

完成的作品如果用熨斗熨烫,会使织片更加平整。
熨烫过程中应该注意使用蒸汽。

①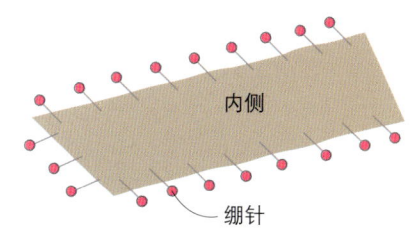

熨烫时织片应内侧向上,并且用绷针固定。

②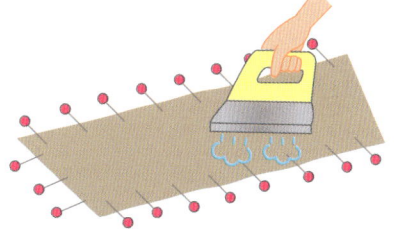

熨斗距离织片2~3cm,使蒸汽与织片充分接触。

83